湖北省社科基金一般项目（后期资助项目）
（项目编号：2021204）

QIMENG YU JUEWU
DAXUE JIANZHU WENHUA GUANLI DE MEILI

启蒙与觉悟

大学建筑文化管理的魅力

陈忠伟 / 著

图书在版编目(CIP)数据

启蒙与觉悟:大学建筑文化管理的魅力 / 陈忠伟著. --西安:西安交通大学出版社,2024.8. — ISBN 978-7-5693-2016-9

I.TU-8

中国国家版本馆 CIP 数据核字第 2024T1P925 号

书　　名　启蒙与觉悟:大学建筑文化管理的魅力
著　　者　陈忠伟
策划编辑　祝翠华
责任编辑　刘莉萍
责任校对　韦鸽鸽
封面设计　任加盟

出版发行　西安交通大学出版社
　　　　　　(西安市兴庆南路 1 号　邮政编码 710048)
网　　址　http://www.xjtupress.com
电　　话　(029)82668357　82667874(市场营销中心)
　　　　　　(029)82668315(总编办)
传　　真　(029)82668280
印　　刷　西安明瑞印务有限公司

开　　本　720 mm×1000 mm　1/16　**印张** 12.125　**字数** 197 千字
版次印次　2024 年 8 月第 1 版　2025 年 1 月第 1 次印刷
书　　号　ISBN 978-7-5693-2016-9
定　　价　86.00 元

如发现印装质量问题,请与本社市场营销中心联系。
订购热线:(029)82665248　(029)82665249
投稿热线:(029)82665249
读者信箱:2773567125@qq.com

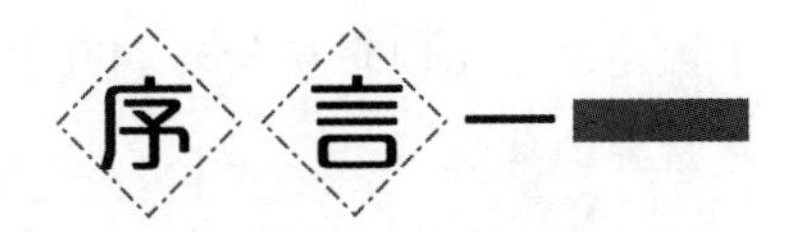

序言一

在人类文明的璀璨星河中，大学如同一颗颗耀眼的星辰，以其独有的光芒照亮了知识的殿堂，引领着思想的潮流。它们不仅是知识的传承者，更是文化的创造者，是启蒙与觉悟的圣地。在这片神圣的土地上，每一砖一瓦，每一草一木，都承载着历史的厚重，诉说着时代的变迁，它们共同构成了大学独有的建筑文化，不仅成为大学精神的象征和文化的载体，更镌刻着历史的印记，展现着时代的风貌，孕育着未来的希望。

正如歌德所言："建筑是凝固的音乐。"在人类文明的长河中，大学建筑文化始终扮演着重要的角色，以别具一格的艺术语言讲述着大学的故事，传达着大学的理念，塑造着大学的品格。从古希腊的雅典学院到中国古代的太学，从欧洲中世纪的博洛尼亚大学到现代的哈佛大学、剑桥大学，每一座大学的建筑都蕴含着深厚的历史积淀。它们见证了人类知识的传承与发展，也见证了无数学子的成长与奋斗。

中国近代大学的兴起虽晚于西方，却有其独特的发展历程和文化魅力。在传承中国古老书院形式和太学精神的基础上，中国近代大学积极借鉴西方大学的办学经验，逐渐形成了中西文化融合的办学特色。在这个过程中，大学建筑文化也不断发展演变，成为中国近代文化发展的重要组成部分。

鲁迅先生曾说："希望是附丽于存在的，有存在，便有希望，有希望，便是光明。"大学建筑文化就是大学存在的重要体现，它承载着大学的希望和光明。虽然近代中国大学建筑文化经历了诸多挑战和变革，但始终保持着顽强的生命力。从京师大学堂的建立到清华大学、北京大学等一批知名高校的崛起，中国大学建筑文化在不断吸收西方先进理念的同时也注重传承和发扬中国传统文化的精髓。这种中西合璧、古今交融的建筑文化风格，形成了中国大学的传统魅力和文化自信。例如，武汉大学的早期建筑融合了中国传统建筑与西方建筑的风格，体现了"自强、弘毅、求是、拓新"的校训精神，其校园建筑依山傍水，与自然环境相得益彰，营造出一种宁静、典雅的学术氛围。又如，清华大学的建筑既有西方古典建筑的庄重典雅，又有中国传统建筑的韵味悠长，体现了“自强不息，厚德载物”的校训精神。这些大学的建筑文化不仅是学校的宝贵财富，也是中国建筑文化的重要代表。而中国大学建筑文化的发展正是中华民族自强不息精神的体现。

当今，对大学建筑文化的管理显得尤为重要，它是大学建筑文化得以传承和发展的关键。良好的建筑文化管理能够营造出优美的校园环境，提升师生的学习和生活品质；能够传承和弘扬大学的文化精神，增强师生的认同感和归属感；能够促进大学的创新发展，提升大学的竞争力和影响力。我们应该看到，在全球化的时代背景下，大学建筑文化管理面临着新的机遇和挑战。我们应该以开放的胸怀，汲取世界各国大学建筑文化管理的成功经验和卓越智慧，同时结合中国的实际情况，探索出一条具有中国特色的大学建筑文化管理之路。剑桥大学、哈佛大学、东京大学等世界知名大学的建筑文化管理经验，为我们提供了宝贵的借鉴。剑桥大学注重建筑文化与教育理念的融合，通过博物馆、艺术馆等文化场所的建设营造出浓厚的学术氛围；哈佛大学强调建筑的创新与历史传承，创造出具有生命力的建筑文化；东京大学则重视营造开放空间和生态多样性的建筑文化，体现了人与自然的和谐共生。“海纳百川，有容乃大”。我们应该学习这些大学的先进经验，不断提升我国大学建筑文化管理的水平。

大学建筑文化管理不仅是物质层面的建设和管理，更是精神层面的传承和创新。本书的出版是对大学建筑文化管理领域的一次深入研究和探索。希望本书能够为大学建筑文化的保护、传承和发展提供理论支持和实践指导，能够激发更多人对大学建筑文化的关注和热爱，共同推动大学建筑文化的繁荣和发展。

“为天地立心，为生民立命，为往圣继绝学，为万世开太平”。这是中国古代知识分子的崇高理想，也是当代大学的使命担当。大学建筑文化管理应该以这一理想为指引，努力营造出有利于师生成长和发展的文化环境，弘扬大学的精神价值，培养人文素养和创新精神，为推动中国高等教育事业的发展，为实现中华民族的伟大复兴而努力奋斗。

让我们共同期待，大学建筑文化在新时代绽放出更加璀璨的光芒！

王红玲

2024 年 7 月

于东湖之滨

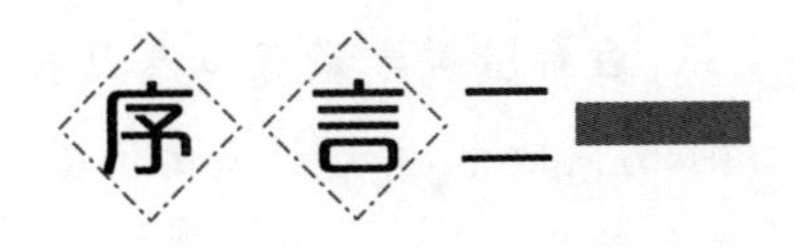

序言二

在浩瀚的知识海洋面前，大学如同一座座灯塔，照亮了人类文明的航程。这里涌动着智慧的浪花，激荡着文化的波澜，汇聚了无数的思想家、科学家和艺术家。大学里的建筑不仅是物理空间的展示，更是精神追求的再现，它承载着历史的厚重，传递着文化的深髓，牵引着学子们思维的灵动。《启蒙与觉悟：大学建筑文化管理的魅力》一书便对“高校建筑文化管理”这一学术话语进行了深入解读和有趣探讨。

诚如梁思成先生所言：“建筑是历史的载体，建筑文化是历史文化的重要组成部分，它寄托着人类对身体历史的追忆和感情。”作为师生学习、工作和生活的场所，大学建筑发挥着潜移默化地塑造人格、启迪智慧、传承文明的重要作用，其设计、布局、维护和利用关乎大学文化品质的定位和学术氛围的建设。因此，对大学建筑文化加以有效管理，有利于构建一种促进广大师生学业进步和品位进阶的积极心态和意境，让人自然而然、悄无声息地受到熏陶和感染，从而实现素质的全面发展和个性的自我超越。

这本学术著作不仅蕴含着作者对建筑文化的深切眷恋和学子们的真诚希望，也是作者自身迭代蜕变和转型发展的折射。从房地产行业的市场经营到大学殿堂的平凡执教，这一转变不仅成就了作者淡泊名利后对大学建筑文化研究的浓厚兴趣，也构筑了高校建筑文化这一跨学科领域的学术主题。作为陈忠伟博士的导师，我既亲眼见证了他在学术道路上成长的每一步，也切实体会到他为这本书倾注的心血和艰辛。审读书稿，他在大学建筑文化管理上所做的深入探究和独到思考令我感动和自豪。

该书从文化生态学、建筑现象学和文化管理学等多个视角，探讨了大学建筑文化管理的历史、现状和未来发展趋势。书中特别强调传统与现代的和谐与融通对大学建筑文化管理的重要性，尤其通过对国内外众多高校建筑文化的案例分析，揭示了大学建筑文化管理中存在的问题和挑战，并提出了相应的解决策略和建议。由此，作者认为，理当珍惜和保护大学建筑文化的历史遗产，积极引入现代建筑理念和技术，助力文化创新和发展，使大学建筑文化既具有深厚的历史底蕴又富有十足的现代活力。

古希腊哲学家普罗泰戈拉说："人是万物的尺度。"换言之，万物皆为人存在，为人效力，并通过人的价值来衡量。大学建筑并不是冷冰冰的物象，而是人文精神的象征。一座优秀的大学建筑能够体现学校的办学理念、文化特色和人文关怀，让师生浸润其中，倍感温暖和力量。大学建筑文化管理当以人的需求、体验和向往为出发点，注重人性化设计和人文关怀，让建筑成为师生心灵的栖息地。而"以人为本""育人无声"正是作者深入研究高校建筑文化管理的策略内核，其通过合理的规划，营造出优美的校园环境，追求建筑与环境的和谐、现代与传统的和谐、文化与人的和谐，让师生怡然自得地享受自然、历史与人文的和谐之美。

可以预见，这本书的出版对于推动大学建筑文化管理的研究和实践具有重要的引领价值。它不仅为我们打开了一个全面了解大学建筑文化的窗口，也为我们提供了源自建筑美和建筑教育的诸多有益启示。在当今社会，大学建筑文化的管理越来越受到重视，这也要求我们在建筑文化理念和教育管理方式上不断探索和革新以应对时代的挑战和国际的竞争。然而，我们必须清醒地认识到，大学建筑文化管理变革是一个复杂而长期的过程，需要政府、高校、师生和社会各界共同努力。我们应当始终不渝地加强对大学建筑文化的保护和传承，注重培养师生的文化素养和审美意识，更好地理解、鉴赏、彰显大学建筑文化的魅力。同时，我们也有责任和义务积极借鉴国内外先进的理念和经验，不断完善大学建筑文化管理的体制和机制，日益提高大学建筑文化管理的水平和效能。

高校建筑之美在于其文化的旨趣与张力。热切期待更多学者和同仁关注大学建筑文化，并通过你们让更多的朋友认识和思考其管理和教育价值，以共同营造一个优美、和谐、富有文化内涵的大学校园环境。谨此与各位读者共勉！

2024 年 7 月

于珞珈山下，东湖之滨

前 言

高校建筑文化作为校园文化的重要组成部分，是人文精神的直观载体，是培养师生道德品质的内容。安静、优雅且功能合理的美丽校园，能使师生身临其境，内心产生与自然环境相互协调、相互融合的愉悦感受，进而激励他们上进，追求美好，修炼情操。建筑文化管理本质上是一种柔性管理，是通过文化和用文化进行管理，通过对建筑文化的历史性保护、当代营造和功能布局以及管理为高校师生创造一个具有场所精神的栖息地，实现以建筑文化为载体而达到育人和成就人的管理效应。

在对我国从近代大学兴起至当代建筑文化管理的历史性考察的基础上，我们认为，在传承了中国古老的书院形式和太学精神的背景下，我国最初的学堂与西方大学的兴办形式逐渐结合，加上对日本优秀办学先例的借鉴，非但没有出现水土不服的现象，反而成为中西文化融合的典范，成功地将中国古文化元素融入近代化的发展脉络之中。通过分析建筑现象，我们发现，我国近代大学的建筑文化管理充分考虑了校园建筑空间、时间、光影等因素对个体感知的深远影响，尤其是对审美情绪和崇高情感的激发作用显著。因此，即便是在抗战时期极端艰苦的条件下，众多迁往西南边陲的大学仍旧秉持了其文化精神，因陋就简地用建筑这一形式对文化主体进行管理。然而，在中华人民共和国成立后的一段时期内，受苏联集权主义和国家工业建设的影响，大学建筑文化的创新和管理一度被忽视，从而造成文化管理的断层。随着改革开放的深入，特别是在 1999 年高校大规模扩招后，建筑文化管理产生了不同的时代形态和相应的问题。

我们以建筑现象学和文化生态学理论为基础进行问卷编写，对 1551 名高校学生进行了问卷调查。结果发现，虽然我国的建筑文化管理从用文化管理的角度看已经具有一定的水平，但仍旧面临僵化的制度化管理和人本主义管理水平参差不齐等问题，从而影响了建筑文化管理的效果，同时在建筑文化的多样性和内涵丰富性的营造上都不够突出，缺乏人文气息浓重的建筑文化场所。此外，校史文化课程教育相对匮乏，深具文化意象性的建筑文化空间利用率较低，而且不同类型高校的建筑文化管理水平差异较大。另外，高校对自身具有历史价值的建筑也缺乏制度化和周期性的维护和管理。

在借鉴国外著名大学先进经验的基础上，我们基于建筑文化管理组织的设置、建筑文化管理理念的改进、建筑文化管理策略的提出、建筑文化管理路径的设计对当下建筑文化管理在发展过程中所面临的问题提供了四组解决路径。

首先，在管理组织设置方面，我们建议在高校建筑文化管理委员会下设立总负责人（行政总监）及教育部门、活动部门、行政部门、研究部门、保护部门和监管部门，在制度层面保证高校建筑文化管理工作的有效推进。

其次，在管理理念的改进方面，传统与现代的和谐与融通需要以传统为基石、以建造科技为媒介、以时代精神为指导，在继承中创新，达到古为今用、今从古出的效果。在建筑实体与人文精神的统一上，通过外在形式上“天人合一”的建筑理念和内在布局上“功能性休闲区”的设置，从内外两个方面共同促进建筑实体与人文精神的统一。

再次，在管理策略的提出方面，我们从实践策略、人文精神及和谐建筑文化等三个方面分析高校建筑文化管理的策略问题，以期形成科学系统的管理方案。

最后，在管理路径的设计方面，我们从借助校园主体规划展示大学一脉相承的建筑文化，通过园林绿化烘托自然生态的高校建筑风格，依靠园艺小品设计渗透建筑文化的内涵以及利用人文景观建设彰显大学人文精神等四个方面落实路径的具体实施。此外，在具体设计中，我们建议运用景观生态学的设计理念对高校空间进行优化重构，形成园林绿化、园艺小品和人文景观于一体的建筑文化空间体系。

本书是在2021年湖北省社科基金一般项目（后期资助项目）“我国高校建筑文化管理现状及对策研究”（项目编号：2021204）的资助下完成的，其顺利出版得到很多专家、老师和同学的帮助，在此致以衷心的感谢。

由于作者水平有限，书中难免存在一些不足和纰漏之处，欢迎并恳请广大读者批评指正。

陈忠伟

2024年5月

目录

第一章 引 言

歌德说:“建筑是凝固的音乐”。① 也可以说,建筑是无声的诗,是立体的画。现实中,总有那么一些建筑,在你见到她的第一眼,就会为她的美貌而惊叹,被她的气质所折服,让她的魅力给感染。这就是建筑所散发的独特符号信息所产生的影响。

建筑作为一种文化现象,属于物质文明范畴,同时也在一定程度上折射出精神文明和制度文明的属性。高校建筑在学校文化的构建中发挥着不可替代的作用,其理应成为承载学校发展历史、弘扬学校优良传统的见证物,成为展示学校特色、传承人文精神的标志。高校建筑文化作为学校文化的重要组成部分,不仅是学校人文精神的直观载体,还是培养师生道德品质的内容,具有营造“以人为本”的教学与生活环境的价值。整齐、安静、优雅、清洁、古朴且功能合理的美丽校园使师生身临其境,内心产生与自然环境相互协调、相互融合的愉悦感受,进而激励他们上进,追求美好,修炼情操,如清华大学的清华园,武汉大学的老图书馆、宋卿体育馆、行政楼(原工学院主楼)和半山十八栋,厦门大学的嘉庚风格建筑群等。这些建筑本身的内容及由此延伸的文化内涵都能给予学生多方面的教育、熏陶与启迪。这是高校建筑环境艺术的暗示,也是高校建筑文化的引领和隐性教育。

高校建筑文化管理是当前高校内涵式发展的本源性问题之一。以其作为研究的主题并通过借鉴中西方的基本理论和方法,总结国内外相关高校建筑文化管理实践的经验,有助于分析我国高校建筑文化管理的现状,提出我国高校建筑文化管理体系构建的基本策略和路径,从而更好地推进我国高校建筑文化管理工作的开展。

---

①爱克曼.歌德谈话录[M].朱光潜,译.北京:人民文学出版社,2000.

第一节　选题缘由和意义

一切研究都源于问题。从想法产生到形成概念再到具体确定一个值得探索的问题的过程对科学研究至关重要。本研究基于对我国高校建筑文化管理现实问题的思考和个人兴趣两个维度的综合考量而提出。

一、选题缘由

随着科教兴国战略的深入实施和高等教育的快速发展，我国已成为高等教育大国，但还不是教育强国。为此，我们应优先发展教育事业，致力于建设人力资源强国，同时提升高等教育质量，尤其注重培养符合时代要求的创新型人才，这就对现阶段高等教育工作者提出了更高的要求。在我国高等教育事业快速发展的形势下，各高校抢抓机遇，加快发展步伐，重视校园建设。良好的高校校园环境是培养德、智、体、美、劳全面发展人才的重要条件和保障。在高校的建设发展中，校园建设是学校事业发展的重要内容，而校园环境作为学校生存和发展的有机组成部分，不仅在塑造大学的良好形象方面，而且在形成大学生健全人格、促进大学生身心健康与和谐发展等方面具有重要作用。

校园既是育人的摇篮，又是具有独特气质的文化场所，而高等教育的内涵更加强化了校园建筑文化所展现的整体性特征。校园物质环境的构建、生态环境的培育、文化氛围的营造可以为高校的发展以及更高层次的科研与学术交流，特别是人才的培养提供坚实的环境保障。因此，我们必须首先明确并理解高校建筑文化环境与人的相互关系，了解校园环境对学生在校学习、生活的作用规律，并在此基础上根据各高校的特色定位、资源条件、人才培养目标提出高校建筑文化管理的基本思路、建设方案以及相关措施，从而建设自然、和谐、优美的大学校园，营造良好的育人氛围。高校建筑文化应充分发挥其文明示范和育人作用，实现人与自然和谐发展。教育心理学、建筑心理学和环境心理学的相关研究表明，高校建筑文化具有积极的育人功能。良好的校园环境有助于学生陶冶情操、坚定信念、丰富知识、规范行为。

高校作为先进文化创建与传播的载体，以及高素质人才培养的重要基地，必须以培养全面发展的人才为中心。为进一步提高人才培养质量和办学水平，我们应贯彻落实科学发展观，坚持以人为本进行校园环境建设，研究高校建筑文化环境与教育主体成长之间的关系，深入探讨如何营造校园良好的育人环境，同时根据各高校的不同实际提出科学、合理、可行的高校建筑文化建设方案，这不仅具有普遍性意义，还是高校当前和未来长期的战略任务。

目前，大学建设主要包含五种发展模式：一是在原有校区的基础上进行扩建；二是保留原校区，易地建设新校区；三是整体搬迁，易地建设新校区；四是通过合并小规模学校，组建较大规模的多校区学校；五是由地方政府组织建设区域较大的大学城，供多个学校使用。但从现状来看，无论哪种模式都出现了不协调、不合理的现实问题。例如，建筑风格、景观设计上缺乏特色的“千校一面”，老校区在扩建改造中历史文脉的淡化甚至消失，新老校区之间文化历史传承的断裂，以及校园环境管理缺失等问题的出现。这既浪费了有限的资源又影响了原有的生态环境。为此，我们需要从实践中总结经验并对理论进行认真研究，这也正是本研究的目的和意义所在。

二、研究意义

1. 理论意义

本研究希望在“以人为本、尊重自然”的教育思想指导下，按照科学发展观的要求，致力于构建自然、和谐、优美的高校建筑文化环境，实现教育主体和建筑文化的有机融合，将人才培养的价值观念和学生自我价值的实现作为学校建筑文化建设的指导理念。本研究期望从理论上解读并彰显高校建筑的文化意义，明确高校建筑文化管理的必要性，为高校建筑文化管理提出一些新的思路和策略，并为当前处于建筑文化管理困境中的高校提供理论与智力支持。

教育者、环境和受教育者是大学教育的三个基本要素。认识这三个基本要素之间的内在联系及其相互作用规律，是把握大学教育本质的关键。在大学教育中，教育环境作为连接社会道德规范、社会意识、政治原则、知识技术与受教育者的桥梁，既是教育者向受教育者施加教育影响的途径和手段，也是受教育者接受这些教育影响的条件。

大学校园作为育人的重要场所，校园内的建筑因其教育功能而蕴含深厚的文化内涵。校园建筑是高校办学实力的直观体现，建筑文化则是校园文化的重要组成部分。这些文化属性通过主体建筑的设计和布局得以体现，从而与校园的整体功能相互协调。纵观国内外高校不难发现，因其办学特色的不同，校园建筑各具风格，文化内涵也十分丰富。每所高校在规划建筑布局时都倾注了大量心血，力求展现建筑的特色以及文化气息。建筑是无声的诗，是立体的画。校园建筑同样反映了学校的办学历史、规模以及发展成就。

因此，在高等教育快速发展的背景下，如何坚持以人为本，树立全面、协调、可持续的科学发展观，营造有利于知识创新、科技创新以及人才培养的良好高校建筑文化环境，成为当前高校管理者面临的一个重要课题。本研究旨在充分发挥建筑文化独特的教育熏陶功能，为高校建筑文化管理提供具有建设性的意见和建议，这正是本研究的理论意义。

2. 实践意义

高校建筑文化管理本身是一项操作性很强的研究课题。在研究高校建筑文化管理的尝试中，我们不仅要关注高校建筑的设计、布局、美化、施工等技术性内容，还要将高校建筑文化视为一种管理对象予以调控。更重要的是，通过构建和营造建筑文化环境，实现高校建筑文化隐性影响力的渗透和符号象征的潜移默化作用，最终达到文化管理的目的。

这些研究内容在本质上是无形的。因此，本研究从预设、执行到成果均具备类似建筑蓝本的指导意义。一旦形成一种有效的管理模式，它将对高校建筑文化管理活动产生积极且现实的指导意义。这种指导意义并非仅停留在观念的启迪、理论的唤醒方面，更侧重于策略的提出、方案的制定和问题的解决，这正是我们研究高校建筑文化管理的实践意义。

第二节　文献综述

一、国外的相关研究情况

由于语言差异与文化差异，以及受资料获取便利程度的影响，我们对国外建筑文化文献资料的掌握有限，所以只能根据有限的资料尽量进行不越界的充分梳理。

1. 国外关于建筑文化的一般研究

(1)符号的隐喻：建筑文化的形成与表达研究。这类研究将建筑视为一种具有隐喻象征功能的符号，从语言学、符号学的视角探究建筑文化的形成和文化品格的塑造，以及建筑文化的扩展。查尔斯·詹克斯的《后现代建筑语言》是这一类研究的代表作。他指出，建筑艺术与语言有许多共享的方法。若我们不严格地区分这些术语，则建筑的“词汇”“短语”“句法”和“语义”等均可用于表达思想与情感。他还认为，人们总是用一座建筑或类似的客体来衡量另一座建筑，这一过程简言之可称为隐喻①。当建筑被赋予这样的意蕴时，其文化属性的形成就成为必然。

此外，克里斯·亚伯在《建筑与个性——对文化和技术变化的回应》一书中亦表达了类似的观点。他借用古希腊先哲亚里士多德关于隐喻的理论，强调隐喻在建筑语言表达中所处的地位及其所发挥的作用，认为隐喻不仅是通过建筑表达的一种方式，更是推动建筑发展的重要动力，同时也是人类理解和认识建筑的重要途径②。

(2)肯定的焦虑：建筑文化的现代建构与批判研究。这类研究更多着眼于现代建筑文化发展的时代背景。一方面，有研究着眼于现代建筑文化的建构和辩护，代表性学者如柯林·罗、弗瑞德·科特等。他们认为，现代建筑的目标就是成为博爱主义、自由主义、远大理想和至善的载体。新建筑是历史进程的必然产物，代表着对历史的超越和对时代精神的彰显，是治愈社会弊病的良药，它年轻且不断自我更新，永远不会落后于时代。但是(也许最终)，新建筑也可能揭示欺骗、虚荣和强权。总体而言，他们对现代建筑文化予以积极讴歌和正面建构。另一方面，也有学者对现代建筑文化表示担忧与焦虑，他们从批判和反思的角度研究现代建筑文化，代表性的如隈研吾在《负建筑》一书中对现代建筑文化提出的深深忧虑。他认为，脱离了复杂现实的这种简单化的计算结果通过建筑轻易地转化成具体的物质形式，并猛然被抛向复杂又脆弱的现实中，这一过程让人不寒而栗。现代性建筑格局可能带来灾难性后果。他质疑道，除了不断向上垒砌这种方法，建筑是否就别无他途？摒弃文化旗帜背后的喧嚣与躁动，他更在乎在不刻意追求象征意义，不盲目迎合视觉需求，也

---

①詹克斯．后现代建筑语言[M]．李大夏，译．北京：中国建筑工业出版社，1986.

②亚伯．建筑与个性：对文化和技术变化的回应[M]．张磊，司玲，侯正华，等译．北京：中国建筑工业出版社，2002.

不受占有私欲驱使的前提下，建筑可能出现什么样的模式①。

（3）诗意地栖居：建筑文化的沉淀与回归研究。在经历现代性的喧嚣与灾难后，海德格尔提出诗意地栖居这一精神向往，而实现诗意地栖居最现实的方式莫过于通过建筑文化的重构来营造富含诗意的居住环境。20 世纪末，肯尼思·弗兰姆普敦的《建构文化研究：论 19 世纪和 20 世纪建筑中的建造诗学》重温和论述了 19 世纪和 20 世纪建筑中的建造诗学，希望可以重构建筑文化的价值体系和意义②。在该书的序文中，美国学者哈里·弗朗西斯·马尔格雷夫更为明确地提出解构和重构建筑文化的时代号召。他认为，将建筑简单地定义为诗意的建造似乎是在探讨一个不言自明的话题，但这恰恰是肯尼思·弗兰姆普敦在这本书中努力尝试去做的。因此，重新将建筑作为一种具有本质意义的艺术进行审视无疑十分有益。从这一方向可以预见，在当前以及未来的建筑文化学中，重新认识和解读建筑文化，并从现代性的躁动中寻求回归，是建筑文化学的必由之路。

2. 国外多元视角下的学校建筑文化研究

（1）教育学与建筑学视角的研究。西方国家早在 19 世纪 20 年代就已经出现专门针对学校建筑的研究。当时的研究主要从两个视角展开：一是教育学视角；二是建筑学视角。前者关注的是学校建筑如何对受教育者形成影响以及形成什么样的影响（具有文化学色彩）；后者主要立足于学校建筑的功能设计、结构科学性以及美学建构等问题。西方学校建筑研究早期的代表学者如美国的亨利·巴纳德（Henry Barnard）和英国的爱德华·罗布森（Edward Robson）。两人分别于 1848 年和 1874 年出版了名为《学校建筑》（*School Architecture*）的著作，但亨利·巴纳德是从教育学视角出发而展开的学校建筑研究，爱德华·罗布森则是从建筑学的结构设计与布局出发展开研究③。

（2）心理学视角的研究。这类研究代表如卡尼·斯特兰奇（Carney

---

①隈研吾. 负建筑[M]. 计丽萍，译. 济南：山东人民出版社，2007.

②弗兰姆普敦. 建构文化研究：论 19 世纪和 20 世纪建筑中的建造诗学[M]. 王骏阳，译. 北京：中国建筑工业出版社，2007.

③赵中建，邵兴江. 学校建筑研究的理论问题与实践挑战[J]. 全球教育展望，2008(3)：60 - 68.

Strange)和詹姆斯·班宁(James Banning)合著的《设计的教育:那些创造校园学习环境的工作》(*Education by Design:Creating Campus Learning Environment That Work*)。该书从环境心理出发,强调学校环境、设施布局和营造在形成学校学习环境中的重要意义,并指出这种人为构建的学习环境是一种设计的教育。在此研究预设之下,他们对大学校园设计提出了许多富有创新性的见解和建议①。

(3)社会学与人类学视角的研究。这类研究代表如彼得·伍兹(Peter Woods)的《社会学与学校:一个互动论的视角》(*Sociology and the School:An Interactionist Viewpoint*)。该书从社会学和符号互动论的角度出发,研究学校建筑与学校师生之间的互动影响,而且对建筑与人的考察已经具体到比如一间教室室内的布置和装潢情况对于人的影响作用②。保罗·维纳布尔·特纳(Paul Venable Turner)的《校园:一个美国设计的传统》(*Campus:An American Planning Tradition*)则运用人类学的方法,对学校建筑风格和文化的历史变迁展开研究,并分析其背后的教育理念转化、建筑风格流变、建筑师个人喜好等因素对学校建筑文化的影响③。

(4)文化学视角的研究。这类研究似乎并没有清晰的边界,可以说包括建筑学视角下的学校建筑研究本质上都包含文化学研究的意义,而其他以心理学、社会学、人类学、教育学为视角的学校建筑研究更是如此。但是,这些研究本身不能取代纯粹的文化学视角下的校园建筑研究。上海交通大学出版社的"世界著名大学人文建筑之旅"丛书则以一种更为纯粹的人文视角,用图文并茂的方式解读世界著名高校的建筑文化,并分析高校建筑背后的文化历史积淀,堪称文化学视角下学校建筑研究的典范。

道格拉斯·山德-图奇(Douglass Shand - Tucci)在《哈佛大学人文建筑之旅》一书中探讨了建筑风格的变迁对校园环境的影响,强调了校园环境必须持

---

①STRANGE C, BANNING J. Education by design: creating campus learning environment that work[M]. San Francisco: Jossey - Bass, 2001.

②WOODS P. Sociology and the school: an interactionist viewpoint [M]. London: Routledge & Kegan Paul Books, 2012.

③TURNER P V. Campus: an American planning tradition[M]. Cambridge: MIT Press, 1984.

续不断地与当代社会环境和谐共生。他指出，哈佛大学的独特理念不仅成就了其建筑结构和制度，更深深地影响着不同时代的建筑风格①。哈佛大学校园今日的人造环境事实上是数世纪创新与发展的结晶。

雷蒙德·莱因哈特(Raymond Rhinehart)等在《普林斯顿大学人文建筑之旅》一书中认为，普林斯顿大学的建筑不仅精美绝伦且富于变化，同时忠实体现了各种建筑风格，其以人为本的统一规划使得建筑在艺术性、品质及规模上均达到一流水平②。它们把理想与实用、古典与浪漫、正规与俏皮有机地结合起来。

罗德·米勒(Rod Miller)在《西点军校人文建筑之旅》一书中提到，西点军校的建筑风格不仅反映了美国的历史、传统及力量，同时也反映了该国武装力量的特色③。西点军校的教育理念是注重体能锻炼、构建严谨的知识体系、培养自律精神，以及引导学员形成成熟的哲学观。

理查德·约卡斯(Richard Joncas)等在《斯坦福大学人文建筑之旅》一书中认为，出色的建筑设计在良好的学校管理实践中具有极其重要的地位，它既要保留建筑的历史传承，也要根据教学、研究甚至美学上的变化特点进行更新与发展④。斯坦福大学对美的追求虽然有时并不完美，但从未偏离这一崇高目标。

哈维·海尔凡(Harvey Helfand)在《加州大学伯克利分校人文建筑之旅》一书中指出，加州大学伯克利分校校园的建筑和景观设计是其学术和文化价值的体现。本杰明·艾德·惠勒(Benjamin Ide Wheeler)校长认为，大学需求就是它的发展重点，包括计划扩大招生人数、寻求公共和私人支持、改善楼宇和设备条件以及丰富图书馆馆藏⑤。

---

①山德-图奇.哈佛大学人文建筑之旅[M].陈家祯，译.上海：上海交通大学出版社，2009.

②莱因哈特.普林斯顿大学人文建筑之旅[M].李小蕾，冯昭祥，译.上海：上海交通大学出版社，2009.

③米勒.西点军校人文建筑之旅[M].杨倩倩，译.上海：上海交通大学出版社，2009.

④约卡斯，纽曼，特纳.斯坦福大学人文建筑之旅[M].侯艳，马捷，译.上海：上海交通大学出版社，2009.

⑤海尔凡.加州大学伯克利分校人文建筑之旅[M].杨倩倩，劳佳，李小蕾，译.上海：上海交通大学出版社，2010.

此外，该丛书还涵盖了木下直之等人所著的《东京大学人文建筑之旅》①，以及中国学者林峰等人所著的《上海交通大学人文建筑之旅》②。总体而言，这些研究反映了国内外建筑研究学者对世界著名高校建筑文化的最新研究动态和解读方式。

二、国内的相关研究情况

围绕高校建筑文化管理这一核心问题，我们通过查阅书籍报刊，并借助中国知网、万方数据等网络资源数据库，以及百度、谷歌等网络信息检索工具展开文献梳理工作。初步检索结果显示，国内以高校建筑文化和高校文化管理为主题的研究已颇具规模，形成了具有一定深度和广度的研究成果，其中硕士、博士学位论文占据主要部分。然而，以高校建筑文化管理为主题的研究成果却尚不多见（不排除因为检索工具及检索方式导致部分研究成果遗漏的可能性）。

由于高校建筑文化属于高校文化的必然组成部分，而高校文化管理亦属于高校教育管理的重要议题，所以高校建筑文化管理实为高校文化管理和高校建筑文化研究交叉融合的一个新兴领域。该领域尚有较大的研究拓展空间，符合研究的创新性与价值性要求。基于初步的文献检索情况，本研究计划从高校建筑文化和高校文化管理两个大的方面入手，对相关文献进行梳理和综合呈现。具体梳理如下。

1. 关于建筑与文化关系的研究

在这类研究中，主要存在以下几种类型的研究。

（1）概要性挖掘或解读建筑作为一种人类文明存在其背后的文化内涵或价值的研究。

章明和张姿的《当代中国建筑的文化价值认同分析（1978—2008）》突破了人们对建筑文化认识的一贯思路，打通了社会现实、建筑实践、审美批判之间的有机联系，从而在当前语境下深入触及了建筑文化的内核，对价值文化转型在

---

①木下直之，岸田省吾，大场秀章. 东京大学人文建筑之旅[M]. 刘德萍，译. 上海：上海交通大学出版社，2014.

②林峰，赵冬梅，曹永康，等. 上海交通大学人文建筑之旅[M]. 上海：上海交通大学出版社，2012.

建筑文化上的表现进行了批判性反思。他分别从文化语境、历史语境和现实语境三个方面对建筑文化现象进行了本质梳理和运行机制剖析，提出最隐形却又最深刻的文化命题就源自建筑文化价值认同①。

赵慧宁的《建筑环境与人文意识》则运用中西对比的方法，对中西建筑背后的历史传统、宗教、哲学、民俗等文化现象予以揭示。该研究从建筑作为一种文化存在与人类社会的双向互动和共同建构的角度探讨了建筑与人类文化的共建共存关系，指出从文化本身的性质看，文化首先是人类特有的存在。人类作为文化的主体，不仅孕育了文化，也被文化所影响和塑造。这种关系在建筑环境文化上表现得尤为明显。同时，该研究还深入探讨了建筑作为人类文化现象的起源、演变和结构②。

王芳的《建筑形式中的隐喻》一文则着眼于从现象世界进入本质世界，运用语言学和符号学的方法追寻建筑作为一种形式与符号其背后所隐藏的文化寓意。文章对西方隐喻主义建筑派别及其理论支撑进行了梳理和介绍，并提出了作者自己对于隐喻的理解。隐喻化创作模式的根本原则就是在建筑设计中要以人为本，一切以人的生命存在和活动为中心，避免将建筑视为异化的外在对象③。

李小龙的《纪念性建筑的文化内涵与文化取向》侧重于从纪念性建筑这一具有典型文化记载功能的建筑类别入手，关注纪念性建筑在与社会文化的相互作用和发展中所体现的文化观念和价值取向，以及在城市发展中的文化作用和社会使命④。

陈宜瑜的《建筑文化内涵的表述》从人类学、地理学及文化传播学三个主要视角出发，对建筑文化的本质意义、文化意识、建筑与语言的内在关联、建筑与地域文化等进行剖析和解读，强调了建筑作为文化载体的功能，认为建筑不仅是一种艺术，还是一种文化符号，能够表达特定的文化意义。一处建筑显示出一种文化意义，而一个时代、一个地区的特定文化也必然在建筑上表现出来。

---

①章明，张姿．当代中国建筑的文化价值认同分析(1978—2008)[J]．时代建筑，2009(3)：18－23．

②赵慧宁．建筑环境与人文意识[D]．南京：东南大学，2005．

③王芳．建筑形式中的隐喻[D]．郑州：郑州大学，2004．

④李小龙．纪念性建筑的文化内涵与文化取向[D]．合肥：合肥工业大学，2003．

建筑不能脱离自身文化背景而存在，不同的文化背景使建筑在形式、功能与意义上呈现出不同的变化①。

(2)从历史角度出发，挖掘传统建筑所蕴含的历史文化价值，剖析其与中国传统文化的联系，并揭示这些联系对现代建筑设计的文化启示。

李玲的《中国古建筑和谐理念研究》以探讨古建筑丰富的和谐理念为主线，从古建筑文化发展的历史脉络、地理环境、经济基础以及所映射的社会结构等因素出发，梳理中国传统文化与建筑文化对于建筑实践的影响。该研究深入剖析了中国传统建筑所彰显的道家“天人合一”、儒家礼制思想及佛教自我和谐等文化内涵，认为中国古建筑文化是在实用和因地制宜的基本理念下形成的，其发展过程中孕育的多层次、多角度的和谐文化理念，即人与自然的和谐、人与人的和谐及人自身的和谐，构成了中华民族优秀的文化遗产②。同时，该研究还提出当下建筑文化在环境与经济、传统与现代、民族与全球化背景下的未来走向。

谭富微的《中国传统建筑文化中的道家思想》通过列举具体而丰富的案例，分析指出中国传统建筑在选址布局、结构设计、装饰纹样，尤其是园林建筑等方面所体现出的浓厚道家文化特色。该研究认为，这些建筑现象都是古人对自然和人文环境中所形成的生活模式和价值观念的反映，揭示了中国人固有的审美意识③。该研究肯定并弘扬了传统建筑文化背后所体现的道家“天人合一”、人与自然和谐共生的建筑人居哲学。

李墨的《汉字与中国古代建筑线性类比研究》选取了一种创新性的类比视角，通过探讨汉字与传统建筑之间的共通性来发掘汉语汉字文化与中国传统建筑文化间表层与深层的种种联系。该研究认为汉字和建筑都具备一种线性形式，它们不仅是物的表达工具，更是意的载体，能够连接物质世界和精神世界。汉字的起源、发展与成熟过程都可以反映和体现建筑的线条、结构及符号意义的发展变化。该研究建立了一个从早期汉字对建筑的直观展示，到汉字与建筑的相互仿写，再到汉字与建筑线线结构的架构，最后二者互补成为一种文明形

①陈宜瑜.建筑文化内涵的表述[D].合肥：合肥工业大学，2007.

②李玲.中国古建筑和谐理念研究[D].济南：山东大学，2011.

③谭富微.中国传统建筑文化中的道家思想[D].武汉：华中科技大学，2005.

式的文化共生逻辑体系①。类似的研究还有梁航琳的《中国古代建筑的人文精神——建筑文化语言学初探》②等，此处不再赘述。

韩旭梅的《中国传统建筑柱础艺术研究》选取中国传统建筑中的独特构筑形式——柱础，深入剖析其作为结构构件与艺术构件的双重价值。该研究主要通过对柱础艺术的例证分析，展现传统建筑的文化魅力，同时表达了对中国传统建筑文化传承与发展的担忧与憧憬③。

此外，代锋的《中国传统文化符号在建筑设计中的应用研究》与杨斌的《中国传统建筑空间的现代审视》则致力于追求传统建筑文化对当今建筑文化的继承、转化、启示、结合与应用。

(3)从地域空间角度出发，对具有地域特色的建筑风格及其文化蕴含、文化价值进行发掘和解读。当然，这类研究往往融合了历史和地域的双重视角。

万艳华的《长江中游传统村镇建筑文化研究》选择长江中游地区的村镇建筑作为研究对象，通过分析长江中游地区传统村镇建筑文化发展与演化的地理、民系、文化及经济背景，着重探讨了传统村镇的选址、空间形态、聚落景观以及建筑构成、技艺与模式。在此基础上，该研究归纳、演绎、总结了长江中游地区传统村镇建筑文化的基本精神，进而提出了优秀村镇建筑文化传承与创新的方向④。

欧阳代明的《荆楚建筑图形文化研究》选取楚地文化中平面建筑图形文化的代表楚都城，立面建筑图形文化的代表章华台以及建筑科技的代表楚方城等建筑作为研究对象，分析建筑的装饰、环境设计与建筑审美，研究了荆楚建筑的技艺、材料与工程技术，从而解读了荆楚建筑的文化内涵⑤。

此外，周慧的《基于环境行为学的福建客家土楼聚落格局研究》、卢国新的《徽派建筑文化对现代环境艺术设计的启示》、崔森森的《新徽派建筑研究》等也都在地域建筑文化的探索与解读上具有一定的代表性。

谢鸿权的《东亚视野之福建宋元建筑研究》是对一定历史条件下产生于某

---

①李墨. 汉字与中国古代建筑线性类比研究[D]. 上海：同济大学，2009.

②梁航琳. 中国古代建筑的人文精神：建筑文化语言学初探[D]. 天津：天津大学，2004.

③韩旭梅. 中国传统建筑柱础艺术研究[D]. 长沙：湖南大学，2007.

④万艳华. 长江中游传统村镇建筑文化研究[D]. 武汉：武汉理工大学，2010.

⑤欧阳代明. 荆楚建筑图形文化研究[D]. 武汉：武汉理工大学，2008.

地域的建筑文化予以深度解读与挖掘的代表性研究。该研究聚焦于福建宋元时期高度繁荣的建筑文化，不仅从技术与样式层面出发，更从宏观文化与微观细节相结合的视角，分析了福建与东亚其他地区建筑文化的关联，探讨了宋元时期东亚建筑文化的起源、传播方式及规律①。同时，该研究还揭示了福建宋元建筑的地域时代特色，并从建筑史的角度探析了其对东亚建筑文化的影响。

同类型的研究还有吕凯的《关中书院建筑文化与空间形态研究》，这是一项结合地域与历史视角的建筑文化研究。该研究以关中书院这一历史建筑为对象，以实地勘测的方法收集书院背后的历史文化资料，深入挖掘了书院这一特殊建筑形式背后的文化支撑、所承载的文化功能以及建筑的文化特色。该研究还提炼了书院与人文意境营造的建筑艺术，并提出了研究启示②。

此外，孙双影的《岳麓书院建筑的文化意向研究》、厉子强的《江南明清建筑文化与符号研究》、王晓华的《中西文化影响下的太原近代建筑》等都是这种研究的典型代表，此处亦不一一赘述。

2.关于高校建筑与高校文化的研究

通过对文献的梳理，这类研究主要表现在两个方面：一是针对高校建筑进行的建筑学意义上的研究；二是探讨高校建筑文化内涵、文化教育价值及其与高校文化之间关系的文化学意义上的研究。需要指出的是，虽然这两种研究的界限并非完全明晰，但由于建筑本身具备文化属性以及大学作为文化阵地的特殊性，即使是单纯建筑学意义上的高校建筑研究也会涉及一定的文化层面的考量。因此，文献分类以其研究的重心为准，具体陈述如下。

(1)建筑学意义上的高校建筑研究。这类研究主要涉及高校建筑这一特定功能建筑群体的设计、美化、结构布局、景观营造、环境空间规划、维修与改造等方面，侧重于建筑学方面的技术性探究。

代表性研究如李咏瑜的《西安地区普通高校整体式公共教学楼(群)空间适应性设计研究》。该研究从高校扩招以后教学楼使用情况的现状出发，结合学生的行为模式与心理需求，探讨了整体式公共教学楼空间适应性设计的研究内

①谢鸿权.东亚视野之福建宋元建筑研究[D].南京：东南大学，2010.

②吕凯.关中书院建筑文化与空间形态研究[D].西安：西安建筑科技大学，2009.

容，并归纳总结出整体式公共教学楼空间适应性设计的构成方法，同时结合西安地区的地域文化和气候特点提出具体的设计策略①。

余健的《大学新校园建筑与景观的融合研究》指出当前我国大学校园规划建设中普遍存在重视建筑规划和设计而轻视景观设计的现象，强调应将景观设计视为建筑规划设计的一部分。该研究从校园文化、校园形态、校园建筑三个方面研究校园建筑与景观的融合策略②。同主题的研究还有张静、魏利军的《大学校园景观设计研究》。该研究提出大学校园景观设计的三大原则：景观结构整体性原则、以人为本原则、生态与文脉相结合原则，并归纳总结了高校校园景观在形态设计、生态布局、文化元素融入等方面的具体手法③。

刘媛的《21世纪高等院校建筑室内环境趋势研究》通过对比国内外高校建筑室内环境的历史性与地域性特征，总结出高校建筑室内环境的概念和内容。该研究提出一种具有普适性的，以人与环境和谐相处为出发点的绿色生态、智能化、地域性和文化性并重的高校建筑室内环境发展方向④。

于兆光的《有机更新机制下的高校建筑再利用设计研究》针对高校老建筑（不包括具备历史文化价值的文物性建筑）这一特殊的建筑群体在高校快速扩张背景下的现状，提出了有机更新的理念，旨在最大程度利用现有的土地与建筑资源实现传统校区的可持续发展。该研究提出将建筑视为一个完整的生命体，倡导通过改建与增建等方式进行更新，以实现其功能、结构与造型的提升，满足新时期高校生活的需要⑤。在大学校园建设之风影响下，这一观点无疑具有另一番价值。无独有偶，陈晶的《高校旧建筑及景观改造设计与研究》也展开了类似的研究。而抗莉君的《高等职业教育院校建筑设计研究》则根据职业技术教育院校的办学特色与特殊功能建筑的需求状况，探讨了其建设选址、规划

①李咏瑜．西安地区普通高校整体式公共教学楼（群）空间适应性设计研究[D]．西安：西安建筑科技大学，2010．

②余健．大学新校园建筑与景观的融合研究[D]．杭州：浙江大学，2006．

③张静，魏利军．大学校园景观设计研究[J]．安徽农业科学，2011，39（36）：22490－22491．

④刘媛．21世纪高等院校建筑室内环境趋势研究[D]．西安：西安建筑科技大学，2011．

⑤于兆光．有机更新机制下的高校建筑再利用设计研究[D]．济南：山东建筑大学，2009．

原则以及空间布局的优化策略①。

此外，还有一些针对具体高校或建筑个体的研究，如刘洋的《重庆大学校园空间环境研究》以重庆大学校园空间环境为研究对象，提出营造多层次、多元化、宜人的学习交流空间，充分利用地形优势，综合运用多种山地建筑和空间形式来打造校园空间环境的建议②。谢俊鸿等人的《北京市高校建筑色彩规划研究》则侧重于高校建筑色彩的设计与规划③。杨茜的《西部高校建筑节水技术与策略研究》根据西部地区干旱缺水的气候特征，通过对不同建筑用水单位、用水器具的考察，提出节约用水在建筑设计、用水器材选择上的优化策略④。此处不再一一列举。

(2)文化学意义上的高校建筑研究。这类研究其实涉及多种主题：有将高校建筑作为一种高校文化存在而展开的研究，有挖掘高校建筑对高校文化影响、功能及价值的研究，有基于特定文化理念探讨某一类型高校建筑的研究，有从某种文化视角解读高校建筑文化的研究，还有基于中西文化对比与交流视角展开的研究。

邵兴江的《学校建筑研究：教育意蕴与文化价值》从教育学和文化学两个学科视角出发，对高校建筑的教育意蕴和文化价值予以剖析。他指出，学校建筑的每一个部分都蕴含着独特的教育意蕴，它通过人与环境的互动对师生的品德与价值观、个体行为与教育绩效等多个方面产生浸润性的影响，而追求特色的学校建筑彰显了个性文化，蕴含以人为本内涵的学校建筑体现了人性文化，落脚于地域性的学校建筑反映了本地文化⑤。这些观点都体现了高校建筑的文化价值。

王露的《显隐并存 与时俱进——我国高校建筑文化传承初探》从历史的角度梳理了高校建筑文化的形成过程，认为礼乐相成、西学中用、多元共生是我国高校建筑文化在起源、形成和发展中的特色。该研究还提出了我国高校建筑文化显隐并存的特征，并尝试以同构力和异构力来探讨我国高校建筑文化显隐并

---

①抗莉君. 高等职业教育院校建筑设计研究[D]. 天津：天津大学，2010.

②刘洋. 重庆大学校园空间环境研究[D]. 重庆：重庆大学，2003.

③谢俊鸿，吴盟，金璇，等. 北京市高校建筑色彩规划研究[J]. 科技信息，2012(1)：74－75.

④杨茜. 西部高校建筑节水技术与策略研究[D]. 西安：西安建筑科技大学，2010.

⑤邵兴江. 学校建筑研究：教育意蕴与文化价值[D]. 上海：华东师范大学，2009.

存的成因①。总体而言，该研究对高校建筑文化有一定深度的解读。同类的研究还有邢浩的《山东高校新校区建筑文化特色初探》，该研究从山东独特的地域文化特征出发，解读当地高校新校区建筑的人文与艺术价值②。

李存金的《凝固的教育音符——学校建筑空间的教育学考察》从教育文化学的视角解读高校建筑本身所具备的教育功能，指出建筑空间不仅是学校教育功能得以展开的重要基础，而且是学校日常生活以及学生成长过程中的隐性影响力。此外，该研究还梳理了学校建筑的转型、探讨了学校建筑空间的构成要素与布局特征，以及师生在学校建筑空间中的互动模式，提出了学校建筑空间由"在学校中"转向"属于学校"的可能路径③。

闫昕的《学校物质文化对大学生社会化的影响分析》认为，学校物质文化包括地理环境、基础设施、环境布局和教师等要素，除教师外，其余三者都与学校建筑有着密切关系。学校物质文化对大学生的社会化有着深刻影响，它不仅是学校教育、教学活动得以开展的重要条件，而且是显性文化因素，影响着学校师生的观念和行为，是学生社会化的重要物质保证。从某种意义上讲，学校物质文化是学校成员智慧、力量和集体精神的象征④。此外，贾文青和安心的《论大学建筑文化的功能》认为，大学建筑文化体现了大学的办学理念、孕育了大学的精神、承载了大学文化的传承与创新，对学生具有教化功能⑤。曹所江的《论高校建筑文化在大学生教育中的功能》认为，高校建筑文化具有文教功能、激励功能、引导功能、审美功能、素质教育功能以及创新功能⑥。陈捷的《论大学建筑文化对大学生的教育功能》同样认为，大学建筑是包含各类人群的行为准则、心理素质、风俗习惯、思维方式和审美趣味的综合艺术，它不仅具备文教功能、激励功能、引导功能、审美功能，还具备人文教育功能⑦。

---

①王露.显隐并存 与时俱进：我国高校建筑文化传承初探[D].重庆：重庆大学，2003.

②邢浩.山东高校新校区建筑文化特色初探[D].济南：山东建筑大学，2013.

③李存金.凝固的教育音符：学校建筑空间的教育学考察[D].上海：华东师范大学，2011.

④闫昕.学校物质文化对大学生社会化的影响分析[D].曲阜：曲阜师范大学，2006.

⑤贾文青，安心.论大学建筑文化的功能[J].西北成人教育学报，2012(6)：24－26.

⑥曹所江.论高校建筑文化在大学生教育中的功能[J].江苏高教，2002(5)：124－126.

⑦陈捷.论大学建筑文化对大学生的教育功能[J].高等建筑教育，2005，4(3)：22－24.

商亚楠的《书院文化与中国高校校园建设》通过研究中国古代书院这一高等教育建筑类型，挖掘了其选址与环境、功能布局与空间组织、建筑组合与意境风格、装饰与色彩等建筑文化特征与天人合一、礼乐相成、善美统一、情景交融的人文文化特征，最终提出书院精神在当代高校校园建设中的回归价值①。类似的研究如夏莺的《人文精神影响下的当代大学校园建筑设计研究》，它亦探讨了以人为本的人文精神对高校建筑的影响②。阮宇翔和吴浩洋的《面向二十一世纪的高校建筑文化教育》则通过对高校建筑文化教育问题的探讨，分析了我国建筑文化教育的现状，阐述了建筑的文化属性及建筑文化教育的重要性，特别提出了 21 世纪建筑文化发展的新趋势和高校建筑文化教育的未来③。

除此之外，还有以中外文化对比与交融为视角的大学建筑文化研究，如石鸥的《中西学校建筑文化比较研究》④、李广生的《中美大学图书馆建筑比较研究》⑤、陈璐的《论中西文化的交融和碰撞——南京高校建筑比较谈》⑥。这些研究为理解不同文化背景下高校建筑的特点与差异提供了宝贵的视角。

3. 关于高校文化管理的研究

从掌握的研究文献来看，关于高校文化管理的研究可以分为两类：一是将高校的文化现象、文化事务、文化财富作为管理对象的高校文化管理研究；二是将文化管理视为一种策略和方法的高校文化管理研究。前者的实质是对文化的管理，后者的实质是通过文化进行管理。由于二者在实际中均不可避免地涉及对高校文化的建构、调整和优化，因此对文化的管理在更广泛的意义上看也具备通过文化进行管理所期望的效果，故通过文化进行管理成为高校文化管理的主流。

（1）以高校文化为管理对象的高校文化管理研究。刘淑丽、昌雄的《新时期

---

①商亚楠. 书院文化与中国高校校园建设[D]. 西安：西安建筑科技大学，2010.

②夏莺. 人文精神影响下的当代大学校园建筑设计研究[D]. 南京：南京工业大学，2006.

③阮宇翔，吴浩洋. 面向二十一世纪的高校建筑文化教育[J]. 高等建筑教育，2001(4)：18-19.

④石鸥. 中西学校建筑文化比较研究[J]. 云梦学刊，1997(1)：40-44.

⑤李广生. 中美大学图书馆建筑比较研究[J]. 津图学刊，1999(4)：21-34.

⑥陈璐. 论中西文化的交融和碰撞：南京高校建筑比较谈[J]. 华中建筑，2009，27(12)：162-163.

做好高校文化管理的途径与措施》认为，高校文化管理既包括管理的软要素，即制度建设、校风建设、教职工素质、思想道德修养、校规校纪、学校精神等；也包括管理的硬要素，即学校建筑布局、校园风貌、文化娱乐设施、思想教育阵地设施等①。该研究将许多高校文化要素纳入管理范畴，同时也隐含通过文化进行管理的理念。

向大众的《新建高校文化管理研究》认为，高校文化从其存在方式和表现形式上看分为三类：学校精神、学校作风和学校形象②。学校建筑就属于学校形象的构成要素之一。该研究希望通过各方协同的文化建设策略以达到管理目标。

汤汉林的《高等学校无形资产经营研究》虽然没有明确表示属于高校文化管理，但其内容已经代表了这类研究的倾向，那就是将学校无形的文化现象、产品、财富等作为经营管理对象。该研究将知识产权类、高校属性类、政府特别授权类、人力资源类、其他类共计五个方面的内容纳入高校无形资产的范畴。其中，高校属性类就包含学校的校名、校徽、知名度和名誉等具有文化属性的要素，而其他类中也包括高校的特色与专长③。

熊格生的《高校管理与高校文化之间的双向建构关系》认为，高校管理与高校文化之间是一种双向建构的关系。具体而言，高校文化在高校管理中发挥着重要的作用，使高校管理具有人文意义，而高校管理实践则为高校文化的营造、培育以及优秀文化的形成提供条件④。

相对而言，这类研究在数量上比较少，但仍具有一定的代表性，因此为高校文化管理提供了新颖的理解框架。

(2)以文化管理为管理方式的高校文化管理研究。相对于第一类研究，以文化管理作为管理方式的研究则不仅在数量上占优势，而且在深度与广度上更

---

①刘淑丽，昌雄.新时期做好高校文化管理的途径与措施[J].长沙航空职业技术学院学报，2008(3)：15－17.

②向大众.新建高校文化管理研究[J].辽宁商务职业学院学报(社会科学版)，2004(1)：41－42.

③汤汉林.高等学校无形资产经营研究[D].福州：福建师范大学，2008.

④熊格生.高校管理与高校文化之间的双向建构关系[J].湖南农业大学学报(社会科学版)，2002，3(4)：77－79.

为突出。这类研究已成为高校文化管理的主流，其涉及范围广泛。

首先，概要性探讨高校文化管理内涵和方式的研究。例如，王丽雪的《学校实施文化管理策略的研究》认为，当前的学校管理存在物本主义、事本主义和管理主义的倾向，并提出应该使用文化管理的方式。文化管理致力于学校文化的建设，其内涵表现在四个方面：核心是价值观，中心是人，方式以软性、隐性管理为主，重要任务是增强群体凝聚力。她进一步提出文化管理的策略包括校长示范、精神引领，团队凝聚、价值整合，参与决策、成就分享，组织建构、精神家园①。总体看来，该研究对学校文化管理进行了深入而详细的研究。任宏娥的《高校文化管理的关键因素分析》探究了高校文化管理的内容，认为文化管理的本质是以人为本，而高校文化管理则是以文化为基础，注重高校文化建设，并利用文化要素和文化资源实施调控的高校管理活动。其中，高校文化管理的主体是高校的教师和学生。该研究还提出了高校文化管理的关键因素，如追求高校文化的个性化，以人为本的管理核心，制度文化、环境文化和行为文化的统一，以及精细管理在落实高校文化管理中的重要性②。樊娟的《文化之维——高校管理的新视角》认为，文化管理基于文化人的假设，是一种通过个体价值观来规范其行为的管理方式，属于柔性管理，其特征包括组织共享价值观、以人为中心等。她进一步分析认为，文化管理强调尊重人、调动人的积极性，同时追求物质管理和精神管理的平衡。此外，她还分析了学校历史、传统、目标及结构等多方面因素对文化管理的影响③。潘成云的《基于心理契约理论的高校文化管理若干问题研究》也是这类研究中具有代表性的成果。该研究指出，高校文化管理的根本目标是建立心理契约，而管理过程则应遵循心理契约的生命周期规律，同时指出，我国高校文化管理模式的必然选择是有意识地规范管理模式④。

其次，涉及不同类型或者特殊类型高校的文化管理方式及策略的研究。例如，陈伟的《趋同发展背景下民办高校文化管理的思考》指出，民办高校与公立

---

①王丽雪.学校实施文化管理策略的研究[D].长春：东北师范大学，2009.

②任宏娥.高校文化管理的关键因素分析[J].中国成人教育，2010(20)：20-22.

③樊娟.文化之维：高校管理的新视角[J].江苏高教，2010(6)：100-101.

④潘成云.基于心理契约理论的高校文化管理若干问题研究[J].生产力研究，2007(21)：68-69.

普通高校的文化存在差距，并提出了多项民办高校文化管理策略，包括转变办学理念、深化学科专业建设、加强师资队伍建设和拓宽融资筹资渠道①。程爱军和王华的《合并高校文化管理模式初探》则针对合并高校这一特殊群体如何开展文化管理提出自己的看法。该研究认为，合并高校因其行业性和地方性特征，本身就代表特定的文化，这有利于校园文化体系的提炼和强化。面对多种文化交融并存的情况，文化管理对于促进共同价值观和行为规范的形成至关重要。此外，合并高校松散的组织形式也需要通过文化管理来提高师生凝聚力②。

最后，文化管理在高校具体管理事务中应用的研究。例如，周石其和刘婷在《文化管理与高校思想政治教育》中提出几个核心观点，如"性善论"是高校文化管理的基础；"平面分权"是高校文化管理的合理形式；"柔性管理"是高校文化管理的有效手段；"以人为中心"是高校文化管理的本质。在具体应用策略上，其提出"目的明确化—迷茫的解决""需求高层化—精神的激励""理论形象化—活动的展开"的策略③。同类研究还有陆民的《论高校教师自主发展与高校文化管理》。针对一些现行问题，该研究认为，为充分尊重高校教师教育个性的发展，激活教师自主发展的动力，促进教育目标的实现，实行高校文化管理就成为必然选择。该研究提出了促进高校教师自由发展的文化管理策略：一是建设高品位的大学文化，塑造师生共同价值观，构筑教职员工的精神家园；二是建立教师成长与发展的制度保障；三是把学校愿景转变为每个教师的自觉行动；四是转变管理体制与管理方式④。此外，张鹏和曲德峰在《浅析文化管理在地方高校行政管理中的应用：以大连大学为例》中以大连大学文化管理在行政管理中的应用为例，旨在进一步推动文化管理在地方高校行政管理中的实践

---

①陈伟.趋同发展背景下民办高校文化管理的思考[J].前沿，2013(6)：135-136.

②程爱军，王华.合并高校文化管理模式初探[J].长江大学学报(社会科学版)，2013，36(12)：91-92.

③周石其，刘婷.文化管理与高校思想政治教育[J].黑龙江高教研究，2009(12)：100-102.

④陆民.论高校教师自主发展与高校文化管理[J].科教文汇(上旬刊)，2012(25)：191-193.

应用①。

当然,关于高校文化管理方面的研究成果还有很多,限于篇幅,此处不再一一综述。鉴于有关高校文化建设主题的研究也比较多,本书仅作简略陈述。

这类研究大多聚焦建设问题,在这个问题上又更多探讨的是方法和策略。例如,张家军的《论学校文化及其建设》认为应该从五个方面来进行学校文化建设:一是确立生命观念——前提;二是解读本校文化——基础;三是确立学校价值观——核心;四是变革学校管理制度——关键;五是学校的制度建设——保障②。此外,孟静的《学校文化建设:现代学校发展的新趋向》指出,学校文化建设应从精神文化、制度文化、群体文化和物质文化四个方面来展开③。

还有研究从某一学科视角出发探讨高校文化建设。例如,徐书业的《学校文化建设研究——基于生态的视角》从生态学出发,探讨当前学校文化的危机,并从生态环境优化、战略体系构建和主体文化自觉等方面进行文化建设④。高永勇的《新课程背景下校长的学校文化建设策略研究》从新课程观的视角提出学校文化建设的策略⑤。杨全印的《学校文化建设:组织文化的视角》则从组织文化学视角出发探究学校文化建设⑥。

此外,也有研究专注于某一特定方面或具有某种属性的校园文化建设。例如,李晓艳的《我国高校和谐校园文化建设研究》侧重于建设和谐校园文化⑦;李先国的《高校隐性文化建设探析》专门探讨高校隐性文化的建设问题⑧;谢小刚的《高校校训育人功能和校训文化建设的研究——兼论中国高校校训现状》则侧重对高校校训文化的探究与建设⑨。

---

①张鹏,曲德峰.浅析文化管理在地方高校行政管理中的应用:以大连大学为例[J].文化学刊,2012(2):77-80.

②张家军.论学校文化及其建设[J].贵州师范大学学报(社会科学版),2007(1):110-116.

③孟静.学校文化建设:现代学校发展的新趋向[D].济南:山东师范大学,2006.

④徐书业.学校文化建设研究:基于生态的视角[D].上海:华东师范大学,2007.

⑤高永勇.新课程背景下校长的学校文化建设策略研究[D].上海:上海师范大学,2009.

⑥杨全印.学校文化建设:组织文化的视角[D].上海:华东师范大学,2005.

⑦李晓艳.我国高校和谐校园文化建设研究[D].郑州:河南大学,2009.

⑧李先国.高校隐性文化建设探析[D].长沙:湖南师范大学,2004.

⑨谢小刚.高校校训育人功能和校训文化建设的研究:兼论中国高校校训现状[D].南昌:江西师范大学,2006.

关于高校文化建设的研究还有很多，本章仅以代表性研究成果为主进行梳理，其他不再一一列出。

三、研究现状评析

通过对国内外研究的梳理和综述可以看出，国内外在建筑与文化，特别是高校建筑文化的研究方面，不仅拥有一定的历史传统，而且在新时期实现了视角方面的突破。这些研究不仅涉及建筑学、教育学，还涉及生态学、人类学、心理学、文化学等多个学科领域。国外的相关研究起步较早，历史悠久，涉及的领域也更广泛。我国有非常悠久且独特的建筑文化，虽然在建筑文化方面的研究起步较晚，但近些年也呈现出蓬勃发展的势头。这些研究成果为本书提供了非常好的研究视野和方法上的借鉴，增进了我们对研究前沿的了解，对当前高校建筑管理的认识，从而进一步确认了本研究的价值。但是，通过文献分析，我们发现研究工作也存在诸多问题。

第一，目前尚未发现明确以高校建筑文化管理为主题的研究文献，这表明对该主题的研究尚有极大的空间，但是有关高校建筑文化以及高校文化建设与管理的相关研究已颇为丰富。鉴于此，如能从高校建筑文化管理的角度展开交叉研究，不仅具有新颖性，也具备开拓新研究领域的价值。值得一提的是，曹所江在《论高校建筑文化在大学生教育中的功能》中已提出将高校建筑文化纳入学校教育研究范畴加以管理的建议，这从另一侧面也说明以高校建筑文化管理为主题的研究是被时代所需要的①。

第二，从建筑与文化方面的文献资料分析来看，无论是对整体建筑文化还是高校建筑文化的研究，都存在一种对建筑文化的滥用和误解现象，具体表现为研究中出现的一些缺乏实质内容的建筑文化描述，这或许反映了建筑文化在现代社会中的焦虑。想要营造优良的物质和人文环境，高校就必须对建筑文化进行考量。本研究旨在通过高校建筑文化管理来消除存在于高校建筑文化中的此类问题。

第三，从高校文化管理与建设方面的研究来看，高校文化管理研究可以分

---

①曹所江.论高校建筑文化在大学生教育中的功能[J].江苏高教，2002(5)：124－126.

为两类:一类是以高校文化内容和现象为对象的管理;另一类是以文化作为管理方式的管理。这两类研究的发展趋势也恰恰符合本研究的研究思路:一方面,本研究将高校建筑文化纳入学校管理的核心范畴,旨在对高校建筑文化进行有意识的建构和营造;另一方面,本研究期望通过建筑文化的营造、设计和优化,实现对师生潜移默化的熏陶教育作用,以此实现高校文化管理的最终目的。

第三节　研究思路和方法

一、研究思路

研究高校建筑文化管理的整体思路是:依据文化生态学理论、建筑现象学理论和文化管理学理论,按照"提出问题—分析问题—解决问题"的技术路线展开,如图 1 - 1 所示。

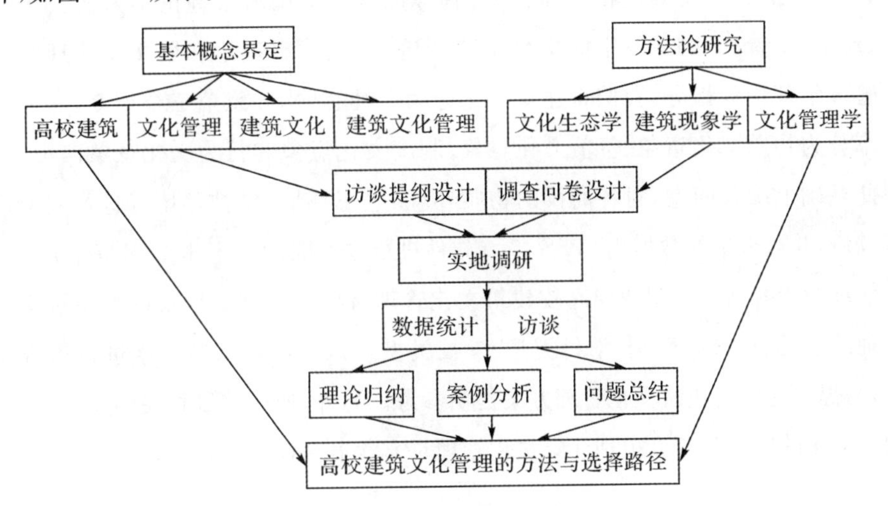

图 1 - 1　高校建筑文化管理的研究思路

首先,对研究的核心概念进行界定,阐明高校建筑文化的内涵。

其次,系统梳理高校建筑文化及其管理的发展历程。

再次,对我国高校建筑文化管理的现状进行调查,明确问题,分析原因。同时,通过案例分析来解析问题,并借鉴学习其中的成功经验。

最后，针对高校建筑文化管理的教育目的和理念诉求，探索我国高校建筑文化管理的优化策略，提出一套较为完善的高校建筑文化管理的选择路径。

二、研究方法

1. 文献研究法

我们利用学校图书馆藏书资源以及电子资源、中国知网（China National Knowledge Infrastructure，CNKI）网络资源等进行相关资料的收集，并对国内外相关材料进行梳理，同时阅读与本研究相关的所有可获取文献，以全面了解国内外研究现状。筛选与分析这些文献资料有助于了解研究状况和最新理论成果，从而明确研究方向。同时，结合历史资料，我们又按照我国高校的历史溯源和高校建筑文化发展的脉络对过往事件进行深入研究。

2. 问卷调查法

本研究运用实地调查的方式对研究对象展开调研。以北京、武汉、厦门、南京、开封、昆明、西安等地相关高校为调研对象，以美国城市理论学家凯文·林奇（Kevin Lynch）的建筑空间文化意象理论、文化生态理论和用文化管理的文化管理学理论为指导，我们将建筑文化分为个性、结构和意蕴三个维度，并进一步细分为物质文化意象、价值文化意象、制度文化意象和行为文化意象四类，并在此基础上编写问卷，对各高校的物质环境、生态环境、精神环境等进行实地抽样调研，并对采集的数据用 SPSS 17.0 软件进行方差统计、F 检验和回归分析。这些数理检验有助于发现我国高校建筑文化管理所面临的问题以及影响建筑文化管理的主要因素（如性别、学科类型、学校类型等），并针对这些因素进行深入探讨，为提出更优的建筑文化管理方案提供参考。另外，通过编制相关问题问卷，我们从更多的层次和角度梳理建筑文化管理对大学生主观意象的影响。

3. 案例研究法

案例研究法起源于美国哈佛大学法学院。本研究结合我国高校当前发展情况，选取了武汉大学、厦门大学、清华大学等著名高校作为典型案例，并通过具体分析和深入剖析，帮助读者了解这些高校在建筑文化方面的具体做法和经验，以期以此为借鉴寻求解决问题的方案。

本研究选取武汉大学、厦门大学和清华大学等高校作为研究案例基于以下考虑：首先，武汉大学、厦门大学和清华大学等都是我国非常著名的高校，拥有悠久的历史文化，其中校园建筑文化尤为突出。它们都拥有众多经典的老建筑，其中许多老建筑还具有文物价值。通过分析这几所高校的建筑文化，我们能够深刻洞察高校建筑文化的影响力与隐性作用。其次，这些高校的建筑文化各具特色，体现了不同文化、时代背景、地域特色、设计风格和理念，便于凸显各种外部文化因素对高校建筑文化的影响。最后，将这些高校作为研究案例具有代表性。高校中的老建筑是一把“双刃剑”，它们作为历史文化的积淀，是一笔财富，但那些功能一般，造型普通甚至建筑使用年限即将到期的老建筑反而成为新时代高校的负担，它们都面临着维修保护、改造利用、更新换代的问题，而这也是众多高校共同面临的普遍问题。

4.比较研究法

本研究旨在通过对中外高校建筑文化研究的对比，明确中外不同国家和高校对高校建筑文化研究的异同，借鉴并转化国外高校建筑文化及管理方面所积累的成功经验，同时关注其所提出的问题及解决方案。此外，通过对比国内高校间的建筑文化及其管理方式，本研究旨在深刻认识我国高校建筑文化的特色、管理经验和模式，从而探究更具针对性、实效性和适合我国国情的高校建筑文化管理模式与方法。

第四节 研究重点、难点和创新点

一、研究重点

概念界定是问题研究的逻辑起点，也是理论论证的前提。若对概念界定不清，我们就可能迷失方向，从而得出对问题研究不利的结论。因此，本研究的主要侧重点之一就在概念界定上。关于高校文化的概念，国内外学者已有相对成熟的解释，但在体现人本思想方面仍有深化空间。关于高校建筑文化的概念则较少有专门的解释，更无明确或相对完整的定义，大多借助或套用建筑文化的概念。因此，厘清这一概念，明确其内涵与外延就显得尤为重要，它将为后续的研究奠定基础。同时，关注现实、直面问题也是本研究的一个重点。只有对我国高校建筑文化管理的现状进行调查，才能透过现象分析原因，提出问题，并通过案例分析寻求解决方案，为制定适合我国高校建筑文化管理的方法、路径和策略提供有力支撑。

二、研究难点

1. 高校建筑文化的教育功能研究

建筑所承载的独特的符号化信息及其本身的内容和由此延伸的文化内涵，都可给予学生多方面的教育、熏陶与启迪，这是建筑艺术和文化魅力的体现。但是，高校建筑文化的教育功能是隐性的，需要人们通过感悟来体会。因此，认识和强化高校建筑文化的教育功能不是一件简单的事，它需要研究者具备扎实的专业基础知识和敏锐的逻辑分析能力。

2. 高校建筑文化管理策略和路径的研究

本研究的最终目标在于探索并构建高效可行的高校建筑文化管理策略和路径，这也是本研究的关键成果。对本研究的核心概念进行界定，阐明高校建筑文化的内涵，梳理高校建筑文化及其管理的历史，并对我国高校建筑文化管理现状进行调查以明确问题及其成因，同时通过案例分析来解析问题都是为了这一目标的实现。如何从既定的研究方法和理论中提炼出高校建筑文化管理的策略和路径是本研究面临的最大难点。

三、研究创新点

1. 研究视角的创新

从现有研究来看，国内外学者较少对高校建筑文化给予专门解释。本研究采用建筑现象学理论和文化生态学理论进行跨学科研究，在总结已有研究成果的基础上，旨在厘清高校建筑文化的基本内涵，并由此展开相关研究。这一研究视角不仅是对以往研究视野的拓展，也为高校建筑文化管理理论的研究提供了一个更加广阔的平台，有助于我们获得新的认识方式。

2. 理论观点的创新

在以人为本、尊重自然的教育思想指导下，本研究按照科学发展观的要求，提出了构建自然、和谐、优美的高校建筑文化环境的理念，使得教育主体和建筑文化得到有机融合。换言之，我们将人才培养的价值观念和学生自我价值实现作为学校建设的重要指导思想，并将高校建筑文化管理视为育人的重要举措，以此来分析高校建筑文化和教育主体间的关系，提出一系列较为新颖的管理路径和策略。

第二章 核心概念界定和理论基础阐释

第一节 核心概念界定

一、文化与文化管理

文化是一个被广泛使用的概念。通常而言，一切与人有关的人化自然或与人的意义相关的存在都被视作某种特定性质的文化。《哲学大辞典(分类修订本)》将文化概念划分为广义和狭义两类。广义的文化是指人类在社会实践过程中所获得的一切物质和精神的生产能力以及由此产生的物质财富和精神财富的总和。狭义的文化则指具体的精神层面的生产能力和产品，包括自然科学、技术科学、社会意识形态等①。这是哲学辞书给出的一个较为清晰的定义。从定义中可以看出，相应的关键词为生产、物质、精神。事实上，无论是广义的文化还是狭义的文化，都是一种包含物质和精神两个层面的人类生产活动，其区别在于前者涵盖了一切人类生产活动，而后者则侧重于对人类有直接价值意义的精神生产活动。

我国哲学家梁漱溟先生在其著作《中国文化要义》《中国文化的命运》和《东西方文化及其哲学》中就文化进行了相互呼应的阐述。他认为文化既是人类生活的样法，也是人类生活所依赖的一切，其实质就是将文化看作我们日常实践活动的产物②。这种实践哲学的视角非常具有现实性和时代性。例如，我们在界定高校文化时，文化就成为在高校这个特定时空、意义和精神范畴内的物质和精神产品，包括其传统、历史、知识、理念、场所等物质和精神的总和。这一总

---

①金炳华. 哲学大辞典：分类修订本[M]. 上海：上海辞书出版社，2007.

②梁漱溟. 中国文化要义[M]. 上海：上海人民出版社，2011.

和是在高校这个场域之下，人们通过实践和认识而生成的意义的集合，以及这些意义不断再生产和传递的过程。因此，文化应包含四个要素：第一，社会环境与背景（场域）；第二，时空变迁；第三，通过物质和精神的生产实践活动对意义的构建和延续；第四，意义的集合。本研究所探讨的高校建筑文化管理问题正是在这四个要素的基础上进行的。

文化管理最初由企业管理发展而来，是现代企业为了提升企业凝聚力、团队合作力和整合资源而采取的一种人本主义管理方法。它从文化的视角出发，将管理活动置于特定的社会背景和时空变迁中，强调在物质和精神的生产活动中通过意义集合的场域进行管理。因此，文化管理强调人的实践能力与能动作用，以及场域内的团队精神和情感聚合，其管理的重点在于影响人的思想和观念。文化管理既将具体群体（如公司、企业、学校、机关等）的文化现象、文化事务和文化资本作为管理对象，又将文化管理视为一种策略和方法，即结合了"通过文化管理"和"对文化进行管理"两个方面。因此，文化管理的核心特征包括三点：一是将人作为核心价值和意义生成的起点，将以人为本作为文化管理的出发点和目的；二是将精神、价值观等文化作为管理的基本内容、载体或媒介；三是以文化的具体形态来引导、规范、激励与约束组织成员（如企业员工、学校师生等）。

对于高校而言，文化管理就是高校的管理者通过对师生认知和实践行为的诠释，发掘其活动中所需要及所产生的意义，并据此进行适时引导，以激发师生在价值和意义层面的自觉，同时影响师生的实践行为和认知观念，最终实现对高校办学目标以及师生个体综合发展目标的管理，即促进师生在高校环境中的身份认同、文化认同、共同愿景的形成以及组织契合度的提升。因此，高校文化管理的核心在于通过引导师生建立良好的价值观念（如精神、伦理、思想）、培养审美旨趣和累积丰富的知识储备，使之成为身心健康、思想自由、人格完整的社会成员。这种引导有时以条例、规则等明晰的手段来实施，有时则是通过环境营造、空间设计等潜移默化、润物无声的方式来实现。学校文化管理的根本目的应当是实现学校的办学目标——育人，即促进师生的全面发展，同时也帮助每个师生实现个人目标。优秀的文化管理应当体现集体与个人目标之间的正相关关系，二者互为条件和目的。事实上，高校文化管理是学校管理的一种模式和方法，它强调通过文化来实现对个体的长期有效管理，而不仅是通过严格的奖惩条令或规定的制度性管理。这是通过文化激发个体自我管理和自我约束能力的一种途径。

从管理的文化角度来看，管理本身就蕴含于文化当中，因此文化管理既是管理学的一个分支，亦是一种文化形态。正如美国管理学家丹尼尔·雷恩所指出的，管理是文化的产物，管理的思想、模式和方法绝不可能在没有文化的真空中发展起来①。管理人员的工作总是受到当前文化的重要影响，这恰恰说明了管理的文化和文化管理之间存在相互包含的关系。所以，无论是从管理的文化还是从文化管理的角度切入，其中必然反映出特定时代和历史背景下的文化精神。在管理实践中，管理的文化体现在文化管理的各个环节和层面中，而文化管理自身就包含着管理的文化，尤其是在实施文化管理的具体组织中，其管理模式的构建必然依托于特定的文化理念和意识形态。管理的文化是组织或团队在长时间管理实践的过程中逐步总结和完善而形成的，其通过不断沉淀的思维方式、行为习惯、风格特色、成员间共同或相似的价值观念等最终构成某个场域特有的管理风格。从这个意义上讲，管理的文化就是文化管理的结果，其包含的习惯、特征和价值观念在一定的组织场域中又是管理的手段，共同影响着团队的思想与行为方式。总而言之，文化管理必然蕴含并体现着其所在场域的管理文化。

二、建筑文化与高校建筑文化管理

建筑在西文中拥有多个不同表达，如 architecture、building、construct 和 dwelling，它们分别对应建筑学、建筑物、建造过程和居住场所。换言之，汉语中的“建筑”一词涵盖了上述所有含义。《中国大百科全书》明确指出，建筑既表示营造活动本身，也表示这种活动的成果——建筑物，同时还是某一时期、某种风格建筑物及其所展现的技术与艺术的总和。《玉篇》将“建”解释为“竖立”，《韵会》则解释为“置办”，《金縢》中“筑”原本指乐器，后引申为“凡大木所偃，尽起而筑之”。由此可见，汉语中的“建筑”一词蕴含了竖立、置办以及源自音乐美学的创造与生活的深刻意义，这正好与海德格尔提出的筑、居、思“三位一体”的诗意栖居理念相契合。梁思成先生亦指出，建筑是社会科学、技术科学与美术的交集。建

①雷恩．管理思想的演变[M]．孔令济，译．北京：中国社会科学出版社，2000．

筑不仅是遮风挡雨的居住之所，更是人们运用其独特语言凝练思想、表达情感、传承文化的媒介。它既要满足人们居住空间的基本需求，又要提供舒适宜人的环境，还要让居住者从中获得一种美学层面的感受①。

建筑作为文化孕育的重要形式之一，既是文化的直接产物，也是文化传承的载体。梁思成先生在《中国建筑史》中指出，建筑的规模、形态、设计、营造及艺术风格的演变，无不映射出民族文化兴衰的轨迹。研究古代历史的学者常需借助建筑遗迹或相关记载来探究文化面貌，其缘由即在于此。建筑活动与民族文化紧密相连，二者相辅相成，互为因果②。梁思成先生在此传达了三层深意：首先，建筑是民族文化的直观展现，深刻反映着文化的独特性；其次，建筑作为历史的积淀，是民族风俗、生活方式、审美偏好及价值观念的集中体现；最后，建筑活动与文化发展相互依存，建筑不仅是文化的凝聚体，也是技术、功能、艺术与文化意识的综合体现。

从亚里士多德所定义的属加种差范畴来看，建筑是文化大范畴下的二级分类，而高校建筑作为建筑领域中的特殊群体，又进一步成为其三级范畴。因此，高校建筑文化特指在大学这一独特环境中，为服务高等教育、教学及师生需求，通过对自然与人文环境的改造所形成的人为时空产物。它不仅要为教育、教学提供安全舒适的物理空间，还要满足师生的审美需求，为其带来精神上的安宁与愉悦，从而促进教学科研活动的顺利开展。作为高校文化精神与思想理念的物质载体，高校建筑文化是校园文化不可或缺的一部分。它既是物质文化的累积，也是基于自然环境与空间布局而形成的精神文化沉淀，更是一种融合物质与精神的艺术表达。在高校这一师生为主体的环境中，高校建筑文化通过具体的空间布局体现了对知识与文化的传承。

基于我们所界定的文化的内涵，管理首先是文化的产物，它在文化四要素的范畴内通过物质与精神的实践活动对人产生价值观念、意识形态、习惯及特征的正向影响，是文化的一个次级领域。因此，从文化的视角审视管理，高校建筑文化管理将高校建筑这一文化的成果同时也是文化的记录者纳入学校管理的范畴，有意识地构建和营造高校的建筑文化。这涵盖了从校园空间与建筑物

---

①沈福煦. 建筑美学[M]. 北京：中国建筑工业出版社，2007.

②梁思成. 中国建筑史[M]. 天津：百花文艺出版社，1998.

的设计、规划、建设到维护的全过程，包括环境营造（如各类花木的布置）、生态营造、文化特色形成以及历史保护。对此，我们均应实施有针对性的管理。高校建筑文化管理者应将大学建筑的营造、设计、优化、更新与维护纳入制度化的管理体系中，以期对身处高校环境的人们产生潜移默化的熏陶与教育作用，从而实现高校的文化管理目标。从管理的文化维度来看，优秀的高校建筑与校园空间本身蕴含着深厚的文化底蕴，能让置身其中的师生在不经意间产生心理共鸣与自我觉醒，从而达到自我管理的效果。高校建筑文化管理的概念范畴如图 2－1 所示。

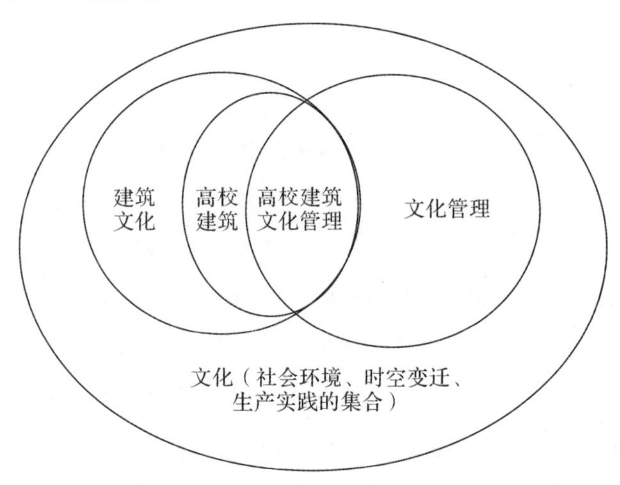

图 2－1　高校建筑文化管理的概念范畴

第二节　理论基础阐释

一、文化生态学理论

在生态议题上，西方马克思主义哲学流派的阐述较为深刻，代表人物包括安德烈·高兹、本·阿格尔、威廉·莱易斯、詹姆斯·奥康纳等。他们运用马克思主义哲学来审视和探讨生态问题，将人类社会与自然的关系作为研究的核心议题，指出生态危机的本质根源在于人类社会与自然的失衡。他们同样认为，现代资本主义的生产生活方式是生态恶化的主要根源，并积极寻求实现人类社会与自然和谐共生的途径。

此外,文化生态学理论作为文化分析的重要视角之一,强调人类不仅是生物意义上的人,更是文化的产物。人类的生理功能在生物进化的基础上发展,更在文化进化的推动下得以完善。文化不仅是人类文明进步的标志,也是人类与外部环境相互协调、适应的工具和途径。因此,文化的本质与特征深受人类生态环境的影响。不同种族和地域的文化现象、差异及模式均是人类根据自然条件、生产力水平等因素所作出的适应性选择。文化生态的观念既源于社会、经济、文化的现代化进程,又是对这一进程深刻反思的结果。

以安德烈·高兹为例,他从生态理论出发,主张人类的生产活动应兼顾人的需求与自然环境的和谐。他认为,忽视这一平衡将导致无意义的生产带来的资源浪费,同时也无法有效满足人们的需求。这一理念映射到当前高校建设中,引发我们产生以下思考:高校建筑规划是否旨在最大化满足师生学习、研究及生活的需求?高校建筑是否充分承载了学校对功能性的追求?高校建设是否符合生态和谐的原则?高校建筑与周边环境及人们的关系如何?

高校建筑作为学校文化的重要组成部分,与校园内的个体相互作用、共同塑造。高校在通过建筑展现或构建特定文化的同时,建筑也以其潜在的文化力量影响着每一位师生。高校文化是在特定地域、生态及自然环境下孕育而成的,这些环境因素共同塑造了高校文化的独特品质。本书以文化生态学理论为基础,旨在深入探讨人、环境与文化之间的复杂关系。在文化生态学理论的指导下,我们将对高校建筑文化及其管理策略进行深入考察与分析,并提出建议。在此过程中,我们将充分考虑文化生态学理论对人类文化角色和环境意识的影响,以期为建筑文化管理提供更具适应性和可行性的改进策略。

二、建筑现象学理论

建筑始终与人的存在紧密相连,其所营造的空间和场所与人的体验相互交织,密不可分。人们通过整体感知建筑物所产生的时间感、光线变化、空间布局及物质形态来深入理解建筑物所蕴含的历史记忆、文化内涵及精神气质,并将其潜移默化地内化为自身的一部分。现象学家海德格尔提出"在世界之中存在"(in - der - Welt - sein)的论断,强调人通过与世界万物的关系来诠释自身活动及其意义。在《筑·居·思》(*Building*,*Dwelling*,*Thinking*)中,他进一步阐述了边界领域或场所的地形学意义,认为人的各种机制应有机融入其意义生成之中。定居，作为对精神场所的构建，是人类寻求归属感、实现存在本质的关键途径。受此启发，建筑现象学应运而生，并迅速拓展至建筑人文研究、区域与城市规划、景观及建筑管理等多个领域。这些研究深刻探讨了建筑空间与时间对人类存在意义的影响，并对工业化模式下的建筑形态提出批判，呼吁建筑文化回归人的本质。

同时，在唯物主义现象学家莫里斯·梅洛-庞蒂的《知觉现象学》一书的影响下，帕拉斯马和霍尔等学者指出，建筑空间与人的身体、知觉及体验紧密相连。人们通过对建筑空间氛围、材料质感、结构对比、声音回响、温度感受、亲密层次及光线色彩的感知，领悟并体验其内在意义与价值。优秀的建筑和空间规划及管理能够让人从材料的质感、色彩的搭配、空间结构的布局以及随时间变化的外观中感受到厚重的历史、温馨的氛围、典雅的文化、崇高的情感及唯美的享受。这些感受是整体被主体所把握的。因此，建筑和空间本质上成为承载丰富意义的场所。挪威建筑学家诺伯格·舒尔兹认为，人们的存在感根植于日常生活的环境与场所中。人类内心深处对自然的原始向往，促使我们渴望回归自然。因此，木、砖、石、棉、麻等自然材质的建筑和装饰材料，温暖而柔和的黄色光线，以及静谧中夹杂着虫鸣的环境都能通过人的知觉唤起其对美好事物的温馨想象，实现海德格尔所言的诗意地栖居。这种栖居方式正是生活世界中场所精神所赋予的。这种精神超越了简单的几何形式，赋予居住空间以物质的、精神的及道德的能量。一座建筑、一个场所，承载着人类的喜怒哀乐，能够感染每一个进入其中的人，并将这些情感体验代代相传。

在现象学视角下，建筑是一个由知觉主体共同塑造的整体环境。诺伯格·舒尔兹在其著作《存在、空间和建筑》中深入探讨了存在空间的具体化理论。他汲取了海德格尔定居理念的精髓，创新性地提出了具有现象学色彩的场所精神概念，指出建筑的场所精神是人类存在的稳固基石。只有当个体深刻体验并认同所处场所及环境的意义时，方能实现真正意义上的定居。这里的定居并非简单栖身于物理遮蔽之中，而是融入一个充满生活气息的场所中。场所作为独具特色的空间形态，自罗马时代起便被视为人们生活的具体空间，与每个人的日常生活紧密相联。建筑的本质正是将这些场所精神转化为可视、可听、可触乃至可感的多维体验，使建筑成为富含深意的场所。

对于高等教育而言，其核心使命在于树人、立人。优秀的高校文化最直观的一种物化表达便是建筑空间与校园环境。因此,构建一个承载独特场所精神的空间区域是对每一位教育者与受教育者的高度尊重。高校作为充满场所精神的空间,其建筑与环境正是这一精神得以展现的基石。如何将这份场所精神融入历史长河,如何让师生在亲身体验中感知并内化这种精神,是建筑现象学为高校建筑文化管理提出的重要课题与解决方案。

本书立足建筑现象学的研究范式,通过现象学中的悬置方法,对校园、建筑及自然环境进行现象学层面的剥离,同时分析大学生的主体意象性活动,探索在高校建筑文化构建过程中如何激发师生的主体性,并深入分析大学生的主体意象性活动,重新诠释高校建筑文化如何通过影响师生进而对大学文化管理产生实质性影响。此外,本书还依据建筑现象学理论设计了一套高校建筑文化管理意向调查问卷,旨在为评估建筑文化管理对我国大学生的意象性影响提供基础数据,并从哲学高度阐释建筑文化管理的深远意义与重要价值。

三、文化管理学理论

人类在文化管理领域的思想探索与实践历程源远流长,其根源可追溯至人类文化的诞生之初。中国自上古时代起便尤为注重以礼治国的理念,通过礼乐文化的熏陶与规范实现对人的软性约束。进入秦汉时期,中央政府设立了如少府等机构,专门负责雕塑、绘画、建筑、歌舞等艺术形式的统筹管理,并创建了诸如教坊司、升平署等专为皇权服务的戏曲管理机构。然而,将文化管理作为一个独立学科进行系统研究的历史不过短短数十年。1982 年,美国管理学家特伦斯·E. 迪尔(Terrence E. Deal)与艾伦·A. 肯尼迪(Allan A. Kennedy)在其合著的《企业文化:公司生活的典礼和仪式》一书中,首次明确提出"文化管理"这一概念。随着企业文化研究热潮的兴起,文化管理逐渐发展成为一种新兴的管理学理论。学者刘吉发等人在《文化管理学导论》一书中指出,如同文化的产生、传播、冲突与变迁是一种社会生活一样,文化管理也是一系列行为的集合。从这一角度看,文化管理是一种社会现象、社会工作,它应具备清晰的内涵与明确的属性界定①。文化管理的内容主要涵盖三个方面:一是以特定价值观为核

---

①刘吉发,金栋昌,陈怀平. 文化管理学导论[M]. 北京:中国人民大学出版社,2013.

心，以文化执行力为推动力的管理理念与方法的集合；二是研究如何构建并运用团队独有的文化特色，使之成为团队内在的精神支柱；三是通过组织文化的力量来治理组织，促使组织成员实现自我约束与自我管理。文化管理有两种主要的思维路径：一种是将文化视为管理工具。这种途径超越了传统的经验管理和科学管理，其核心在于强调文化理念与精神的重要性，倡导以人为本的自律与自觉，是一种柔性、主动且内化的管理理论。另一种则是将文化作为管理对象，以组织形式为主体，通过对文化范畴内各项事务的规范与引导来实现对计划、执行、控制及协调等管理活动的有效组织，这是基于文化管理主体视角的管理学理论。本书主要采用第一种文化管理理论路径，即侧重将文化作为管理手段，同时也不乏对组织形式与制度建设的相关探讨。这些讨论均建立在将文化视为管理工具的理论基础之上。

高校的建筑文化管理作为在特定场域内针对建筑空间和校园环境实施的文化管理活动，其核心在于通过精心规划、营造及维护这些空间的人文元素（如空间布局、色彩搭配、自然景观、细部设计、雕塑艺术等）彰显高校独特的教育理念、文化底蕴及场所精神。实质上，高校的每一处建筑空间与校园环境细节虽不常被师生整体感知，却能在潜移默化中长久地影响师生的气质。不同学校学生所展现出的各异气质特征，很大程度上正是其所在学校的建筑文化熏陶的结果。

鉴于此，本书以文化管理学理论为论证的核心框架，旨在运用柔性管理的理念，为高校建筑文化管理提供实践指导和理论支撑。

第三章　我国高校建筑文化管理的历史考察及其文化价值

建筑文化管理并不是某个时代的单独产物，而是一个具有历史性的存在，它深受文化传承、社会变迁和时代精神的多重影响。因此，在探讨我国建筑文化管理的发展时，我们应当首先对我国高校建筑文化管理的历史演变进行系统性考察。

第一节　我国高校建筑文化管理的历史考察

我国近代大学的兴起相较于西方要晚，但这并没有影响其文化的发展。在继承中国古老的书院形式和太学精神的基础上，最初的学堂逐渐融合了西方大学的兴办形式，并借鉴了国外优秀的办学经验。因此，大学文化并没有出现水土不服的现象，反而成为中西文化融合的典范，成功地将中国古文化逐步融入近代化进程中。大学建筑文化作为时代精神风貌的物化体现，尤其体现了这种文化交融的特征。虽然当时并没有形成系统的建筑文化管理观念和方法，但用文化对人进行影响的观念早已潜移默化地融入大学的建设中。无论是北京大学的庄重典雅、清华大学的方正舒朗、燕京大学的精致圆润，还是武汉大学的清雅俊秀，无不体现了建筑者独具匠心，这实际上也构成了建筑文化管理的最初模式。这种模式在较大程度上影响了后来很长一段历史时期的建筑文化发展。即使在抗战时期极端艰苦的条件下，迁往西南边陲的大学也仍旧秉持了其文化精神，因地制宜地运用建筑形式对文化主体进行管理。然而，在中华人民共和国成立后的一段时期内，受苏联集权主义和国家工业建设的影响，大学建筑文化的管理一度被忽视，进而导致了文化管理的断层。改革开放后，建筑文化管理又因 1999 年大学的大规模扩招呈现出不同的时代特点。通过历史的视角来梳理建筑文化，我们旨在追溯我国建筑文化管理的起源和文化谱系，以探求其内在规律，同时为我国目前的建筑文化管理提供历史性借鉴。

一、我国近现代大学的兴起和建筑文化管理

1840 年之后，中国在西方以坚船利炮为后盾的经济、政治和意识形态的强烈冲击下剧烈震荡，晚清政府为“自强图存”，在风雨飘摇中成立了北京大学的前身——京师大学堂。作为第一所具有近代意义的大学，京师大学堂建立伊始既力求通过西学增强国家实力，又存留了浓厚的古代书院文化气息。当时的课程设置涵盖政治、文学、自然科学（如天文、地质、化学、数学和物理）、农业、工艺、采矿冶金、医术学等多个领域，并设有翻译和译书局，同时在这些科目之外仍保留了经学、史学、宋明理学、诸子学等与科举相关的科目。京师大学堂位于景山东面的马神庙和嘉公主旧第，校园建筑为旧式院落建筑和西式建筑的混合体。旧式院落建筑如当时的预科班、速成科和博物实习科所在的马神庙，进士馆所在的李阁老胡同（今力学胡同）、医学馆所在的地安门内太平街等。而译学馆所在的北河沿和译书局所在的虎坊桥等都添加了一些中西混合的建筑①。从建筑文化管理的角度来看，这体现了当时办学者致力于建立新式教育体系的愿景。当时，《钦定京师大学堂章程》就有：“京师大学堂之设，所以激发忠爱，开通智慧，振兴实业，谨遵此次谕旨，端正趋向，造就通才，为全学之纲领。”②这体现了洋务派“开通智慧，振兴实业，造就通才”的办学思想，但同时也深受封建意识形态的影响，忠君和尊孔的思想仍旧根深蒂固③。这亦反映了晚清统治者的矛盾心理。在这期间，一方面中国传统建筑文化获得了存续，另一方面日本的建筑风格以及其中蕴含的西化建筑文化开始出现在早期中国的大学当中，其中京师大学堂在德胜门外校场的分科大学的建筑就是由日本建筑师真水英夫所设计。作为近代早期的大学，京师大学堂既是力图向西方学习的先行者，也是传承着中华千年太学之学统的最高学府，其建筑文化的营造和管理皆是在“冲突中融合”最为具象的体现。

随着晚清王朝的覆灭和民国的建立，中国近代大学在一段时期内进入快速

①张复合. 北京近代建筑史[M]. 北京：清华大学出版社，2004.

②张国有，冯支越. 大学章程：第 2 卷[M]. 北京：北京大学出版社，2011.

③储朝晖. 中国大学精神的历史与省思[M]. 太原：山西教育出版社，2010.

发展时期。大学的建筑样式和风格从"冲突中融合"转化为较为和谐的"中西合璧"以及中国传统建筑文化的复兴。在中式建筑的背景下,很多新修建筑焕然一新。北京大学的"三院五斋"中的"一院"红楼,成为当时最具现代气息的建筑物,而得以完整保留的"二院"则是最具古典气质的院落结构。蔡元培任北京大学校长后,开创了兼容并包的办学风气,这恰恰反衬和渗透出北京大学中西建筑融会一炉、各得其所的情境,体现了北京大学的人文之魂。可以说,北京大学是近代大学以人为本的典范,其建筑所代表的精神体现了管理者将环境文化和大学人的行为文化相统一的文化管理理念与方式。

也正是在这一时期,清华大学(1912 年更名为清华学校)、燕京大学、金陵女子大学、福建协和大学、复旦大学等一大批学校纷纷建立,美国设计师亨利·基勒姆·墨菲(Henry Killiam Murphy)成为中国近代大学建设最重要的参与者和见证人。他在规划和设计清华学校时提出了"以中国之道,用西洋之器"的思想。学校在空间布局和风格上与美国宾夕法尼亚大学极其相似。最初建成的清华学校的"四大建筑"(图书馆、体育馆、科学馆、大礼堂)均为西方古典建筑折中主义风格,其中在中轴线上的大礼堂尤为突出,深具罗马式和希腊式建筑的混合特征。清华学校四大建筑的建筑风格实质上是早期学校学习西方文明的体现。作为四大建筑之一的体育馆更是体现了学校重视大学生身体与心灵共同完善的文化管理理念。毫不夸张地说,四大建筑内在地反映和影响了清华学校从开始办学至今的精神气质和人文情怀,是早期大学建筑文化管理最典型的代表。

此后,墨菲还参与设计了雅礼大学、福建协和大学、金陵女子大学和燕京大学等校舍建筑。在此期间,墨菲的设计风格发生了较大转变,由西式的设计思维转为向中国传统文化寻求设计理念和灵感。在设计金陵女子大学时,他开始采用中国建筑的布局手法,以复古主义的理念结合自然、地势、地形,将中国古典建筑的院落形式引入大学中心区域,采取主次院落和轴线对称式的群体布局,以轴线关系将空间有序地并联成建筑群。可以看出,他此时的设计理念已受传统中国木构架建筑群和围合院落建筑的影响。在受司徒雷登之托设计燕京大学时,他将更多的中国元素和自己多年以来对中国文化的感悟都融入进去，决心使燕园成为仅次于北京紫禁城的建筑杰作①。他从一开始就决定按照中国传统的建筑形式来建造校舍，这些校舍的室外不乏优美的飞檐和华丽的彩画，展现出一派传统建筑艺术的风尚。但这些建筑的主体结构却不是木质的，而是由混凝土筑成，室内配以现代化的照明、取暖、排水、通风管道设备。用司徒雷登的话说，这样的校舍本身就象征着我们办学的目的，也就是要保存中国最优秀的文化遗产②。从中不难看出，燕京大学的大学精神早在建设之初就已经通过其建筑设计的文化理念润物无声地渗透到整个人文空间当中。学者张复合称燕京大学校园是19世纪20年代北京流行的传统复兴建筑的代表③。更重要的是，设计者不仅在主体建筑的设计上充分展现了其人文情怀，而且在主体细处着墨，让看似风格一致的建筑群具有各自独立的气质，如办公楼的端庄肃穆、男生宿舍的潇洒俊逸、女生宿舍的宁静秀雅，都淋漓地展现了墨菲独到的创造性，更与司徒雷登创办燕京大学的理想相呼应。面对如此设计的燕园，也难怪胡适会发出"中国学校的建筑，当以此为第一"④的赞叹。燕园的成功使得司徒雷登觉得它肯定有助于加深学生对这个学校及其国际主义理想的感情。燕京大学山水相间、依傍自然的校园环境，表现出中国文化中天人合一、礼乐相成、情景交融的人文情怀和生态思想，体现了建筑文化管理通过生态环境优化达到主体文化自觉的目的，不失为景观文化管理和环境文化管理的典范。

与燕京大学的儒雅娟秀不同，武汉大学的建筑文化更加雄浑大气，其早期建筑是中国近代大学建筑的佳作和典范，充分展现了中国文脉中的书院气质与精神。这些建筑采用了民族的建筑形式和现代化的建筑结构，而且在选址方面充分体现了儒家"仁者乐山，智者乐水"的精神追求和价值取向。在武汉大学规划之初，校舍建筑设备委员会的委员阵容可以说是群星璀璨，其中就包括著名的地质学家李四光、林业学家叶雅各。叶雅各认为，东湖地区作为校址是非常适宜的，因为这里的天然风景不仅唯国内各校舍所无，而且在国外大学中亦所

---

①CODY J W. Building in China: Henry K. Murphy's "adaptive architecture" 1914—1935[M]. Hong Kong: The Chinese University Press, 2001.

②司徒雷登. 在华五十年：司徒雷登回忆录[M]. 程宗家，译. 北京：北京出版社，1982.

③张复合. 北京近代建筑史[M]. 北京：清华大学出版社，2004.

④胡适. 胡适全集：第31卷[M]. 合肥：安徽教育出版社，2003.

罕见①。经实地考察，委员会认同叶雅各的意见，决定在东湖一带，依珞珈山（时称罗家山）、狮子山因山造势、近取其质、远取其势。整座校园依山傍水，绿树如茵，磅礴大气。建筑采用西方建筑方法之长，却准确地传达了中国古典建筑的神韵之美，在潜移默化之中影响着学生的审美旨趣和文化情怀，更加突出了建筑文化管理中的特色文化管理，以及大学自身场所精神的营造。

民国前期的社会虽然不乏动荡不安和生活疾苦，但有识之士对治学之重视、对人文精神的培育却进入第一个黄金时期。这一时期的大学建筑文化管理都是在各自大学创办理念基础上进行建筑布局和设计，无论是折中主义还是复古主义都蕴含浓厚的中西交融互通的精神。近代大学作为中西两种文化交汇的积淀，从诞生之日起就焕发出强烈的魅力，其建筑空间、光、影与人的知觉融为一体、互相映射、相互融通，共同构筑了一个中与西、古与今、新与旧交织的多元化“历史—时间—空间”体系，营造出风格迥异、各成一家的民国大学气度。

二、抗战时期的大学建设和建筑文化管理

七七事变之后，抗日战争全面爆发。随着日本侵略的不断深入，大片领土沦陷，日寇除了进行贪婪的资源掠夺和文化抢掠之外，还大规模破坏中国的教育机构，尤其是对大学进行损毁。在此背景之下，各重点大学纷纷向西南地区长途迁徙。在抗战进入相持阶段时，由西南联合大学（简称西南联大）和“三坝”（即重庆沙坪坝、成都华西坝和汉中鼓楼坝）为主体构成的大后方高等学府群建成。

1938 年 5 月，西南联大在昆明组建之后，著名建筑学家梁思成和林徽因亦经长途跋涉抵达昆明。时任校长梅贻琦②即邀请梁思成夫妇为西南联大在昆明西北地台寺附近（今云南师范大学校址）购得的荒地上设计校园和校舍。林徽因夫妇欣然受命，他们花了一个月左右的时间就拿出了第一套设计方案，一个一流现代化大学的设计理念跃然纸上。然而，梅贻琦很快否决了这套方案，

①王受之. 建筑集[M]. 北京：中国青年出版社，2010.

②当时西南联大本由北京大学、清华大学、南开大学的蒋梦麟、梅贻琦、张伯苓三位校长共同领导，他们组成常委会，轮流担任主席职务。但因蒋梦麟、张伯苓还另有任用，所以实际上西南联大的工作完全由梅贻琦一人承担。

原因是经费短缺，财政赤字。之后的两个月，梁思成夫妇的方案改了很多稿，高楼变成矮楼，矮楼变成平房，砖墙变为土墙，原本用来作屋顶的铁皮因经费短缺而被变卖。最后，校委会决定，除了图书馆的屋顶可以使用青瓦，部分教室和校长办公室可以使用铁皮屋顶之外，其他建筑都由茅草作顶，墙体改为黏土打垒，砖头和木料的使用不断被削减①。1939 年夏季，新校舍建成后，文、理、法商学院迁入新校舍，师范学院在文林街昆华中学北院，工学院继续在拓东路的迤西会馆、江西会馆和全蜀会馆等会馆。虽然占地有 120 余亩，但新校区建在环城马路的两侧，因而被马路分割为南、北两区。北区占地 100 亩，设有常务委员会办公室、各行政部门的办公室，以及文、理、法商学院的教室，男生宿舍和图书馆，是主校区。南区占地 20 余亩，主要分布有各个院系的办公室、实验室，以及校医院和少数教室。大门位于北区，上方镌有"国立西南联合大学"的横额。虽然西南联大的整个建筑设施因陋就简，但其对学术精神的追求没有丝毫懈怠。也正是因为这种质朴得不能再质朴的校舍，寄托了西南联大刚毅坚卓的校训精神，也印证了梅贻琦校长早年对大学精神之评价："所谓大学者，非谓有大楼之谓也，有大师之谓也。"梁思成夫妇迫于条件所限而不得已所作的最终设计却成为支撑西南联大的精神支柱之一。质朴简陋的校舍、泥泞的校园、一下雨就叮当作响的教室房顶以及掺杂着沙石的"八宝饭"都凝聚成西南联大特殊的文化气质。

作为大学建筑核心的图书馆，其设计尤为精致，是当时最为宏伟的瓦顶建筑物。图书馆前还建有一块大草坪，草坪上散落着几个小池塘，南面还有一座小木桥，再往南就是西南联大的校门②。可以看到，虽然条件极其艰苦，但设计者依然匠心独运，不放弃营造可能的人文氛围和园艺，让大学精神即便在最为艰难的时刻都能够潜移默化地与在场的人相融合。这一地带后来成为学生们宣传抗战和学术思想的基地。图书馆内可同时容纳 600 余人阅读，高峰时藏书超 10 万册，每天服务 14 小时，即便遭到日军轰炸的破坏也能够在很短的时间内恢复开放。可以说，西南联大在学术上的斐然成就不仅仅是因为梅贻琦校长

①李洪涛. 精神的雕像：西南联大纪实[M]. 昆明：云南人民出版社，2001.

②西南联合大学北京校友会. 国立西南联合大学校史[M]. 北京：北京大学出版社，2005.

坚持教授治校的理念，各个学科的大师云集于此和学生对学术纯洁而执着的追求，还在于当时看似简陋的建筑文化与西南联大整体的大学气质相得益彰。

相较于西南联合大学，位于重庆沙坪坝和成都华西坝的中央大学的条件就要优越一些。在南京局势趋于紧张之时，时任校长罗家伦就开始筹备大规模西迁的行动。待日军占领南京后，除少数重型设备以外，中央大学已然搬空，就连农牧实验用的牲畜也运抵重庆。更重要的是，中央大学所得经费是西南联大的3倍之多。位于沙坪坝的中央大学本部交通较为便利，有汽车和轮船可以通达，离重庆市北约20千米。中央大学的新建校舍也主要为平房，但不像西南联大的校舍那么简陋，屋顶有瓦片覆盖。学校共有教室10余间，除去各个学院自己的教室以外，还有部分公共教室。校内有宿舍6栋，可容纳学生200余人，另外还有可同时容纳1000人就餐的饭厅。1941年4月，学校的新阅览室和新宿舍竣工，学生的生活和学习条件得到很大改善。位于沙坪坝的校本部建筑错落有致地分布在阶梯状的地貌中，虽然与南京中央大学的建筑相比太过简陋，但是简陋并不意味着简单。一则由于课程设置丰富合理，各院系对教室、图书馆的利用率非常高；二则从南京迁来的图书、资料和实验器材保存比较完整。虽然条件艰苦，但日常教学工作却未受影响。顾孟余接任中央大学校长之后，获财政部部长孔祥熙拨款法币300万元，用于新建多栋学生宿舍、一幢可以容纳上千人的大礼堂，并重修图书馆。大礼堂一时成为中央大学唯一的砖木结构的标志性建筑（见图3-1）。这座大礼堂设计巧妙而修建简洁，其设计者为当时中央大学土木系二五级校友。他们应用力学原理架设屋顶，使偌大的礼堂内部不需要安装一根木桩，克服了当时木材昂贵带来的困难。大礼堂建成后成为宣传救亡图存与思想自由的重要基地，这实质上回应了罗家伦校长“求民族的生存、求人类知识的进步”的大学训语。此外，中央大学的医学院还与久负盛名的华西大学合作，安排其畜牧专业的二、三、四年级学生在华西大学充满西式韵味、绿树如茵的校园内学习。

图 3-1 重庆沙坪坝中央大学大礼堂

（资料来源：https：//historymuseum. nju. edu. cn/ndjy/ljz/20220526/i223028. html）

武汉大学位于华中地区，虽然遭受战火蹂躏的时间较晚，还曾作为国民政府战时的临时指挥部，但在日军的快速推进下，其也不得不向西南边陲迁移。在王星拱校长的主持下，武汉大学于 1938 年 4 月历经千辛万苦迁往四川乐山（时称嘉定）。虽然抗战时期环境艰苦，但学校师生并没有忽视其恢宏磅礴的大气，这一点在校区选址上得到了体现。新校区位于大渡河和岷江的交汇处，毗邻著名的乐山大佛，可谓是物华天宝、人杰地灵。虽然校区只匆匆兴建了两座简朴的礼堂，但学校主体所择建筑却在文脉之上。校本部、文学院和法学院都设立在乐山文庙内，图书馆设立在文庙的大成殿，理学院位于李公祠，印刷厂位于文庙的三清宫，这些都是深具文化气息的场所。宿舍方面，男生宿舍分别位于龙神祠、李家祠和观斗山，女生宿舍位于进德女校，那是一栋人称“白宫”的三层小楼。在同盟会会员黄成璋的大力支持下，工作人员仅用了 20 多天时间就将原本破败的建筑修葺一新，确保了学生能够顺利开课。

在建筑文化管理上，校方将文庙一进门的一块影壁作为文化墙，供学生们办壁报。一时间，到文庙看壁报宣传成为当时武汉大学师生的重要文化生活。社团的成员们常在此讨论学习。著名漫画家方成的漫画生涯就是从这里开始的。文庙外的月咡塘广场成为学生们的集会场所。在体育运动方面，学校也没有疏忽，后庙过去有一个小山坡，坡上苍松翠柏林立，再往后就是一个简易的体育场供学生们进行体育锻炼。此外，文庙后方的坡顶还设有午炮炮台，配备有一尊土制火炮和一台日晷，用于计时①。武汉大学校本部大门如图 3 - 2所示。

图 3 - 2　武汉大学校本部大门

（资料来源：https://www.mafengwo.cn/gonglve/ziyouxing/405475.html）

斯坦福大学的首任校长戴维·乔丹曾说："一座伟大的图书馆是建立一所伟大的学府的必然要素。"②乐山武汉大学校方将图书馆设于文庙大成殿之内，一则有建筑文化之考虑，二则是因为文庙大成殿规模宏大且最为坚固，适合作为大规模藏书和学生阅览之处。大成殿由 28 根柱子构成，顶部鳌角飞翘、庄严古雅，驼峰、门拱装饰华丽，柱础用雅石做成，雕刻有云龙之纹，其形生动活泼、活灵活现（见图 3 - 3）。台湾地区经济学家蒋宗祺在谈到设于大成殿的图书馆时感慨，大成殿是供奉孔子的圣殿。可以想象，在孔子年代，他教育下的三千弟子、七十二圣人一定是在这样的殿堂、书廊中聆听其教诲。当时，这座供奉孔子的圣殿已成为藏书数十万卷的宝库，集各家之长，同时也成为学生获取知识、饱览群书、含英咀华的学习场所。十几张阅览桌成为学生课余争夺的学习阵地。

①龙泉明，徐正榜.走近武大[M].成都：四川人民出版社，2000.

②吴尔奕，孙驭.美国 50 所最佳大学[M].北京：首都师范大学出版社，2011.

为了抢占一个有利角落，大家都早早进入图书馆。阅览室里虽然读者众多，但鸦雀无声，充满了研究学问的肃穆气氛。一旦走进殿内，人们就会被那种专心致志钻研学问的气氛所征服，自觉地维护这份具有光辉传统的学风。

图 3-3　武汉大学文庙大成殿

（资料来源：https://www.sohu.com/a/470825676_120952561）

除了利用文庙等现成建筑外，校方也兴建了少量建筑，最具代表性的就是建于老霄顶的大礼堂。该建筑设计精妙，用料节省，横跨很大，而中间却不用一根柱子。礼堂建成后成为学生们集会、听讲座、宣传思想的主要场所①。文史学家郭沫若、科技史家李约瑟、著名将领冯玉祥等都曾在此为武汉大学师生做过精彩的学术演讲，宣讲各家思想及抗战救亡的理念。美学家朱光潜先生在此演讲的《说校风》大大鼓舞了学生们的学习热情和学术激情。因此，每次讲座，礼堂里面都人头攒动，学生们闻风而来，唯恐向隅。可以说，武汉大学多年来形成的良好学风，这个时期的讲座功不可没。武汉大学虽然远迁西南，但一脉相承的大学精神和风骨却在这些简朴甚至简陋的建筑与大学学子的交融中得以继承和发扬。甚至可以说，现在武汉大

①徐正榜．武汉大学西迁乐山大事记[C]//骆郁廷，胡勇华，罗永宽．乐山的回响：武汉大学西迁乐山七十周年纪念文集．武汉：武汉大学出版社，2008．

学“自强、弘毅、求是、拓新”的校训既是对乐山时期精神的延伸和继承，亦是对乐山精神的再造。

1937—1945 年，日寇的战火虽然肆虐中华大地，但中国的大学精神并没有在其铁蹄之下消亡。即使在极为艰苦的条件下，新建大学面临诸多挑战，但位于西南边陲的各个大学的管理者都没有忽视建筑文化管理对学生潜移默化的内在作用。他们都想方设法、竭尽所能地通过建筑文化的营造和管理，保障学生能够有良好的学习读书环境和自由开放的学术氛围，不断激励学生努力从事学术活动，奋发自强，心系抗日救亡。可以说，抗战时期各著名大学的建筑虽然极为简朴，但通过建筑文化管理所产生的思想影响却是深远的，甚至成为延续至今的大学精神的重要载体。

三、中华人民共和国成立后近 30 年间的大学建设和建筑文化管理

中华人民共和国成立以后，我国的高等教育进入一个全新的发展时期。各高校开始学习苏联的大学管理模式。1949—1959 年的十年奠定了中华人民共和国初期大学建筑文化管理的模式。在党中央的领导下，国家对新中国成立前的国立大学和教会大学进行了接管，也开始营建新的大学建筑设施。以武汉大学为例，该校在 1953 年修建了三栋宿舍楼，1956 年修建了生物系大楼，1959 年修建了工农和物理系大楼，1972 年修建了标本楼，这些建筑的空间布局和设计理念都具有很明显的苏联模式印记，外形庄严，以主楼为中心呈现出完全对称的建筑风格。由于中华人民共和国成立初期各项事业亟待振兴，包括经济在内的各方面状况比较困难，因此对于重要的大学来说，这显然算不上是大规模的建设。在全国范围内看，由于高等教育的基础薄弱，图书馆的建设就成为大学建筑最为重要的一部分。因此，一批高等院校的图书馆得以兴建。中华人民共和国成立后的第一座新建大学图书馆为中国人民大学图书馆，始建于 1950 年，并在 1953 年投入使用，其总建筑面积为 2498 平方米，是一座外形呈“工”字形的平房建筑。其中，书库位于中央位置，设有 2 个出纳台和 4 个阅览室，藏书 20 万册。这座建筑无论从建设时期还是建筑样式来看，所传达出的文化信息都在中国大学图书馆建筑史上具有特殊意义。

截至1956年，我国共拥有高等院校227所，据对其中的176所学校的统计，图书馆建筑面积总计达到23.3万平方米①。这一时期兴建的图书馆有华东师范大学图书馆(3000平方米，后经两次扩建，达9094平方米)、华南工学院(现华南理工大学)图书馆(8850平方米)、南开大学图书馆(10287平方米)、华东水利学院(现河海大学)图书馆(4800平方米)。另外，从1956年到1966年也有一批大学图书馆竣工和投入使用，有资料记载的有天津大学图书馆(10400平方米)、复旦大学图书馆(7000平方米)、安徽医学院(现安徽医科大学)图书馆(5700平方米)、北京师范大学图书馆(9300平方米)、哈尔滨师范学院(现哈尔滨师范大学)图书馆(5060平方米)、广东师范学院(现华南师范大学)图书馆(3360平方米)、西安交通大学图书馆(11200平方米)、中共中央党校图书馆(5740平方米)、沈阳农学院(现沈阳农业大学)图书馆(7870平方米)、北京师范大学图书馆(5920平方米)、外交学院图书馆(1774平方米)、北京化工大学图书馆(4200平方米)、上海科技大学图书馆(5000平方米)、南京气象学院(现南京信息工程大学)图书馆(3023平方米)、同济大学图书馆(6400平方米)②。

从大学建筑文化管理的角度来看，这一时期的图书馆管理方式沿袭了藏阅分离的传统制度，即藏书封闭管理，读者要想读书就要先查阅目录，然后填写索书单交给图书管理员再到库内取书。与此管理方式相适应，图书馆的建筑格局自然将阅览室与书库分而建之，并专门设有目录室和借书处。这导致书库的职能远大于阅览室的职能，所以很多图书馆的书库面积大大超出阅览室的面积。当时的图书馆建筑布局普遍相似，造型单调，平面布局几乎都是对称式的“工”字形或其变形“丄”字形、“出”字形、“日”字形及“田”字形等，左右完全对称，立面方正，棱角分明，被称为“火柴盒”式的建筑。这样的图书馆往往是阅览室在前，书库在后，中厅为目录室和借书处。这种设计使得阅览室的采光较好，前后通风，但书库长期处于背阴面，在南方潮湿地区，书籍因此受损坏的现象非常普遍。另外，阅览室与书库存在高度差，一般书库的高度在2.3米左右，而阅览室与书库的建筑高度比为2∶3或1∶2，只有少数楼层的阅览室与书库高度持平，这导致图书馆工作人员每次进入书库都要反复攀爬楼梯以查找和取书，工作强

---

①张白影．荀昌荣，沈继武．中国图书馆事业十年[M]．长沙：湖南大学出版社，1989.

②鲍家声．图书馆建筑[M]．北京：书目文献出版社，1986.

度明显增加。同时，因为书库面积普遍较小且楼层多，所以借阅效率也相应降低。

20 世纪 50 至 70 年代，因为国家经济一直处在比较困难的阶段，所以国家拨付的款项非常有限。因此，大学建筑的设计标准较低，指标设置稍显不当，有的甚至影响了功能的要求。当时的校园规划和建筑设计较少关注建筑文化环境的营造，绿化也没有被重视。另外，在新修建筑时，有的设计者较少考虑大学原有的建筑风格和历史形态，缺乏将整个大学建筑视作一个统一整体来维护的文化管理思维。新修的建筑深受苏联式建筑风格影响，大都采用以主楼为中心的对称格局，从而与折中主义和复古主义的原始建筑风格产生了强烈的视觉对比。有的新修建筑占用了广场、林荫路等空地，破坏了校园景观的和谐与完整，建筑内部也少有人文营造。

1958 年，毛泽东在天津大学视察时指出："高等学校应抓住三个东西：一是党委领导；二是群众路线；三是把教育和生产劳动结合起来。"①中共中央、国务院发布的《关于教育工作的指示》将毛泽东讲话精神阐释和规定为："党的教育工作方针，是教育为无产阶级的政治服务，教育与生产劳动相结合；为了实现这个方针，教育工作必须由党来领导。"②因此，中国共产党在中华人民共和国成立以后对高校进行了大规模接管和重组，各高校在党委领导之下，以发展生产和建立基础工业为工作重点，模仿苏联模式采取了院系合并、文理分家、统配教授、缩短学制、简化课程、取消私立大学、改变校名等措施。这样的设置促进和加快了我国实用型人才的培养，但人文思想和精神在高校教育中不受重视。此时的大学建筑显然秉承了建筑不仅具有功能，更是反映社会主义思想的形式这一理念。

从 20 世纪 50 年代末期到 60 年代末期，大学建筑文化管理缺乏自身的独立性，并未得到重视。1966—1976 年，只有极少数大学建筑落成，且大都在 1976 年后才得以投入使用，如北京大学图书馆（1974 年动工、1975 年建成），南京医学院（现南京医科大学）图书馆（1975 年动工、1978 年建成），南京铁道医学院（现东南大学医学院）图书馆（1974 年设计、1979 年建成）。这些大学的图书

---

①袁振国. 中国当代教育思潮[M]. 上海：三联书店上海分店，1991.

②潘懋元. 中国高等教育百年[M]. 广州：广东高等教育出版社，2003.

馆改掉过去图书馆建筑设计和管理存在的部分问题，突破了传统格局的限制，已经接近近代图书馆的管理模式，即以“一”字形建筑为主，阅览室与书库垂直或毗邻分布。苏州医学院（现苏州大学苏州医学院）图书馆更是率先将读者与藏书分离，通过查目录、填索书单、由馆员进库取书的阅读模式，完成了阅览室与书库合一的转型，这一历史性突破对之后的大学图书馆建筑产生了重要影响。上海中医学院（现上海中医药大学）图书馆虽然书库与阅览室仍然分离，但在建筑文化管理理念上有了新的突破，开始重视读者的阅读环境，其书库和阅览室都设计有大玻璃窗，光线充足，白天不需要人工照明的辅助①。南京医学院（现南京医科大学）图书馆主体建筑和南侧办公区之间设立的天井有利于通风，同时也形成了图书馆内部的景观文化，外形设计上则采用了虚实对比的手法以及主体与裙房纵横交错的布局，使得主体建筑四周外挑，这样的设计增添了几分活泼与新颖的元素②。

四、改革开放后20年间的大学建设和建筑文化管理

1977年，虽然国民经济仍在缓慢复苏，但由于党中央对高等教育的大力支持，各高校纷纷开始进行校园建筑的修缮和新建筑的建设工作。改革开放之初，大学建筑文化管理的任务一是修缮和维护旧建筑；二是在原有基础上改建和完善老建筑，如清华大学对图书馆进行扩建，华中科技大学在原有基础上建成标志性建筑“南一楼”；三是进行校园环境的布置、文化景观设施的构建，如西安建筑科技大学兴建的一些小品以及双百亭。从中可以看出，高校管理者已经初步意识到进行有效的建筑文化管理的重要性。

1977—1993年，新建的大学建筑一方面仍受到传统建筑思维模式的影响，另一方面在规划、功能、布局、结构和周围环境塑造方面呈现出新的格局和面貌。大学建筑的规模变得更大，服务项目、功能结构也得到了很大的拓展。大学建筑的布局变化明显，功能更加多样化，不断适应并满足了现代化的需求。教学楼、图书馆、礼堂、广场等建筑都朝着多功能化的方向发展，这种多功能化

---

①王文友，沈国尧，莫炯琦．高等学校图书馆建筑设计图集[M]．南京：东南大学出版社，1996．

②张白影，荀昌荣，沈继武．中国图书馆事业十年[M]．长沙：湖南大学出版社，1989．

不仅体现在技术层面，还体现在文化管理层面。

首先，教学楼开始向功能综合化转变，其不仅具备普通的教学功能，还承载了传统礼堂的部分功能。在设计和修建之初，设计者在教学楼中就预设了不同规模的教室。有的教室适合小班授课，而有的教室则配备了较为先进的电气化设备，空间宽敞，可以作为各种文化或宣讲活动的场地。部分综合楼还设有小型图书馆、电子阅览室、视听教室等。这一转变使得制定和实施更加合理的建筑文化管理策略的需求更加强烈。管理者需兼顾教师和学生的多元化使用需求，既要加强设备的维护和更新，又要进行统筹管理，包括安排课程和各类讲座的时间和地点。因此，有意识地进行建筑时空管理成为当时建筑文化管理的一部分。

其次，图书馆的功能性得到加强。除了基础的借阅、馆阅和收藏功能，图书馆还增加了信息检索、信息集成、文化讲座、读者讨论、学术交流等服务，更有少数图书馆引入茶座、咖啡厅等休闲场所。同时，图书馆的文化功能变得非常多元，涵盖了电子阅览、视听学习及娱乐、学术思想交流、前沿讲座聆听、展览观赏、学习材料复印及打印等。这种功能的多元化使得图书馆的内部格局也相应发生了变化。书库和阅览室不再分开，而是合二为一，且大都分布在低层，高层则设置了电子阅览室、展览厅和报告厅等。整体建筑横向纵深的加强显著提升了图书馆对读者的容纳能力。这一变化使得对图书馆建筑文化管理的要求变得更为复杂和细致。随着改革开放的深入，人文精神逐渐复苏，尤其在高校内，自由主义思想兴起。在此背景下，服务管理开始转向人性化和多元化，读者第一的宗旨被提到更为重要的地位，图书馆学逐渐成为一门重要学科。20 世纪 80 年代之后，图书馆建筑文化管理迅速兴起，图书馆逐渐成为承载大学精神、文化精髓和人文气质的重要场所。

再次，礼堂的建筑形式和地位也发生了变化。一部分民国时期的礼堂和中华人民共和国成立后兴建的老式礼堂得到修缮，还有一部分礼堂因为设计空间不足或成为危房而被拆除重建。从建筑形式来看，礼堂建筑此时大多采用钢筋混凝土的框架结构，使用了框架升板、框架剪力墙、无梁楼盖和密肋楼盖等新型建筑方法，淘汰了旧有的砖石结构，极大地提升了建筑的进深和空间利用效率。从文化地位看，礼堂的角色已经被大型综合教学楼、图书馆和体育馆所取代。

除举办大型和重要庆典活动外，一般性或日常的学术及文化活动大都分散在不同的建筑物中进行。因此，礼堂作为大学历史精神的象征，成为传承和见证一所大学人文情怀的重要标志。虽然现代大学的礼堂已不再独占中轴线的地标位置，但其作为文化符号与象征的地位是毋庸置疑的。因此，对旧礼堂的合理修缮和保护成为这一时期建筑文化管理工作的重点。

然后，广场的文化功能也发生了重要转变，其不仅仅用于思想宣传性集会活动，更成为集庆典聚会、文化宣传、休息交流、日常活动等多元作用于一体的开放性空间。因此，校园内相应地建设了交通广场、文化广场、礼仪广场、生活广场等具有不同功能的广场，当然也有集多功能于一体的综合广场。由于大学广场是整个校园环境的中心，对于像清华大学这样的百年老校，广场还是学校文化精神的标志。可以说，大学广场的建设与管理水平是衡量一个大学建筑文化管理能力的重要标志。这一时期的广场建筑文化管理已经呈现出多元开放和以师生为中心的理念。譬如，位于武汉大学文理学部第二教学楼和宋卿体育馆之间的鲲鹏广场不仅寓意美好，还通过鲲鹏合体的雕塑以及“北冥深广，鲲翼垂天，云搏九万，水擎三千”的碑刻传递了深厚的文化精神。武汉大学的管理者们将此广场作为以学生为中心的开放性场所进行管理，每年在此举办新生露天音乐会，平时还会有各种演出活动，每周三则设立英语角。同样，西南财经大学的阳光广场也已成为师生们进行学术研讨、张贴海报、自由交流和课余休息的重要场所，其环境设计非常典雅。此外，很多广场在设计上也花了更大的工夫，不仅大幅增加了绿化面积，还布置了喷泉、假山或雕塑等建筑小品，这些建筑共同营造出浓厚的文化氛围，极大地改善了学习研究的环境，提升了交流休憩的舒适度。

最后，这一时期的建筑造型更加丰富多彩，更加具有个性，其外形也呈现出多元化的趋势，包括弧形、六边形、八角形以及不规则形态等。同时，很多民族地区的建筑也开始着力体现民族特色，建筑的内部空间配置也变得灵活多变，以适应不同的功能需求。建筑格局也日趋多样，严格的中轴对称式校园设计逐渐减少，取而代之的是更多依据自然地貌和城市整体建筑风格进行规划和建设的校园(如苏州大学)。因此，通过建筑形态和格局设计、内部装饰、校园文化标志物建设、人工自然景观空间打造等方式为大学生营造良好的学习氛围，已经成为大学建设者和管理者们的重要工作。但是,由于处在改革初期,不少理念和管理手段还尚不成熟,技术能力受限,资金分配不均等问题也使得大学建筑文化管理的水平参差不齐。部分大学在建筑文化管理上仍沿用旧有模式,有的则过于追求形式而忽视了以人为本的核心。以图书馆的文化管理为例,1970—1993 年,北京市新建的 20 所大学图书馆中,超过半数仍采用传统的服务模式(书库与阅览室分离),9 所处于过渡模式,而能够集藏、借、阅、管于一体,提供图书与情报信息一体化服务的图书馆仅有 1 所。另据《高等学校图书馆建筑设计图集》一书收录的资料,1990 至 1993 年,全国各地建成的 33 所大学图书馆中,采用传统模式的图书馆就有 12 所①。随着 20 世纪 90 年代末大学的大规模扩招,大学建筑的功能及其所肩负的使命再次发生了变化。

五、新时期的大学建设和建筑文化管理

1999 年之后,大学开始进入扩招的发展阶段。仅在 1999 年到 2001 年,大学的毛入学率就增长了 56.7%。同时,高校数量也快速增加,仅 2001 年在教育部备案的地、市高校就增加了 110 多所,占当年全国新增高校总数的 50%,更有 40 多所普通专科学校升级为本科院校②。除了高校数量的激增,高校建筑面积也快速增长。全国普通高校在 2001 年的建筑面积达到 1 亿多平方米,相当于 1990 至 1998 年建筑面积总和(5500 万平方米)的近 2 倍,更是中华人民共和国成立后到改革开放前将近 30 年高校建筑面积总和(4000 多万平方米)的近 2.5 倍。同时,大学的占地面积也增长了 80%,其中 2001 年就比前一年新增了约 1.3 亿平方米的用地。此外,相应的后勤服务设施和公寓也得以建设。在 2000 年和 2001 年,全国高校就新建学生宿舍 1900 多万平方米,改造旧学生宿舍 450 万平方米,新建大学生食堂 260 多万平方米,并对 81 万平方米的设施进行了升

---

①王文友,沈国尧,莫炯琦.高等学校图书馆建筑设计图集[M].南京:东南大学出版社,1996.

②上海市教科院发展研究中心.中国高校扩招三年大盘点[J].教育发展研究,2002,22(9):5－17.

级改造①。

大学生人数、高校数量和建筑面积的大规模增长，使得大学面临的建筑文化管理任务变得更加艰巨。为应对高速增长的教育资源需求，大学建筑文化管理呈现出两种发展模式：一是建设面积更大及功能更完善的大型建筑，如综合楼、图书馆等；二是营建用地面积更大的新校区。传统高校往往将两种发展模式相互结合，而大量新设高校则一开始就进行大规模校园建设。这种多元化的发展趋势使得建筑文化管理在规划、设计、建设、配置、装饰、维护等各个环节上均呈现出多元样态。所以，21 世纪以来的大学建筑几乎涵盖了现代主义、后现代主义、欧洲折中主义、中式复古、解构主义等多种建筑风格。

历史传统深厚的学校在对老校区的新建建筑进行规划建设时则比较谨慎，往往是在修缮与新建结合的基础上采取“重点保护、合理保留、普遍改善、局部改造”的策略，力求新建建筑既能融入校园整体规划，又能与其他具有深厚历史沉淀的老建筑在思想理念和风格内涵上保持协调统一。因此，复古主义和民族主义思想在建筑文化管理中占据了重要地位。例如，武汉大学文科区的设计、建设和管理就秉承了这一理念。文科区的选址地东、北两面紧邻景致优美的东湖，西、南两面则依靠珞珈山，四周树木茂盛，多为树龄较长的枫树、水杉、樟树和松树等，为区域提供了良好的遮蔽效果。该区域通过合理的空间布局和多元一体的建筑风格成功地融入原有的校园建筑当中，充分体现了建筑群的人文关怀与科学理性的完美结合，继承并发展了武汉大学老建筑的内涵。后来的新计算机科学楼和化学院楼的扩建和改建工程也沿用了文科区的文化管理理念和规划思路，蓝色的斜坡屋顶在风格上与周围的建筑环境保持了较好的一致性和融合性。

大学生在校数量的快速增长，使得各个大学在扩招后不得不开始设计和建造面积更大，功能更多元的新校区。因此，新建大学的建筑文化管理更加突出其功能性和实用性，并对建筑的空间布局、利用率、适应性、交通便捷度以及人

---

①周济.历史性的跨越：世纪之交中国高等教育的改革与发展[J].教育科研参考，2002(15)：4.

员容纳能力等都提出了较高的要求。例如，西安电子科技大学南校区的设计规划就采取了集约化和模数化的方式，其核心教学区的七座主要建筑如公共教学楼、图书馆、公共实验楼、科技楼、行政楼等都沿着校园东西向的中轴线呈带状分布。不同功能的建筑在一个集约化的空间内被相互串联起来，打破了严格的空间界线，呈现出彼此交融和贯通的状态，提升了校园的空间适应性和同专业学生流动的便利性。又如西北工业大学长安校区的教学区位于整个建筑群的中央，便于各区域的教师和学生通行。生活区和教学区之间的休闲运动区使学生的生活、学习、休闲得以在集约的空间中进行。生活区采用模数化设置，通过不同功能和区域的模块化设置，有效分散了人流，既便于日常管理和紧急疏散，又有效缓解了上下课高峰时段的人流压力①。

从当代高校建筑文化管理的特征来看，人文关怀和功能实用性都成为其主要特征。这既突出了其自然场所的精神，也体现了人工场所的智慧，呈现出功能性和象征性并重的倾向。一批优秀的大学建筑文化管理者充分认识到建筑文化对学生心理状态、思维方式和审美偏好的影响，将校园建筑文化与大学文脉的紧密联系置于重要的地位，注重新旧建筑风格和内涵的一体性，强调建筑物与自然环境的相容性，以及建筑本身所传达的历史和文化意义。同时，他们也注重建筑空间的实用性和便利性。可以说，功能与造型兼顾的管理理念此时已成为建筑文化管理的核心。如何高效地利用空间进行功能分布，也是各个大学在新建和扩建建筑时重要的考量事项。

随着大学建设标准的提高，建筑材料和内外装饰材料越来越优质，建筑规模也越来越庞大，建筑物的外形和内饰均焕然一新。教职工和大学生活动的公共空间和学习空间变得更加宽敞明亮，设备的科技含量更高，教学设施的色彩与环境更加协调，文化氛围更为浓厚。建筑物的绿化和园艺设施建设也成为建筑文化管理的重要项目，如庭院和屋顶花园的建造，以及突出大学历史和文化的雕塑、小型建筑景观的广泛设置等均已成为风尚。另外，建筑物的环境品质，如室内温度、湿度、光线、色彩、噪声等也受到重视。建设更加具有环保节能功

①李咏瑜. 西安地区普通高校整体式公共教学楼(群)空间适应性设计研究[D]. 西安：西安建筑科技大学. 2010.

效的绿色建筑已成为高校建筑文化管理的重要任务。例如，清华大学建筑学院袁镔教授就设计了一座以节能、绿色、环保以及舒适为特点的生态图书馆。除此之外，建筑物风格的多元已经成为当代大学建筑的发展趋势，不同风格的建筑物争奇斗艳、各有所长，或古典韵味十足，或欧陆风格浓郁，或一派后现代主义的风采，还有些独具民族特色，如上海的海派建筑、福建的闽南风格建筑、广州的岭南风格建筑，以及少数民族风格建筑等。

但是，并非所有大学都能践行天人相成、人物共一的建筑文化管理理念。除了老牌的名校或省部共建的“双一流”院校外，很多资金不充足或文化底蕴较浅的新兴高校在进行建筑文化管理时都遇到很大的困难。它们对建筑文化管理重要性的忽视导致学校间发展不均衡成为常态。一些新建校园的建筑布局不合理。部分民办大学和独立学院未能充分重视建筑文化管理对学生的积极影响以及通过建筑承载与沉淀历史的重要性。有些资金充足的高校因对建筑文化认识的不足，过度追求形式上的标新立异，将规模大且楼层高的建筑视为学校象征，却忽视了建筑物空间的适应性和实用性。有些高校在建筑设计和建设过程中盲目崇洋且缺乏整体性视角，从而导致校园建筑风格混杂，失去了整体美观性，这也体现了其对建筑文化与大学核心价值构建之间关系认识的不足。这种片面追求新锐的建筑文化管理方式甚至会造成外部造型影响内部功能的结果，许多复杂的建筑样式往往以牺牲内部功能应用的合理性为代价。另外，空间规划的不合理使得同一时段人流量过于集中，或因与生活紧密相关的建筑（如食堂、浴室、超市等）离生活区距离过远，给师生带来不便。还有些大学只注重建筑物的外观设计是否优美，是否有视觉效果和冲击力，而不注重整体文化氛围的营造及建筑细节的雕琢，缺乏真正的人文关怀，那么再优秀的设计也仅是冰冷的空壳。而某些资金充裕的高校在规划和建设时则盲目投资、追求高标准甚至有攀比思想，结果建筑体量虽大，但内部空间利用率却不高，采光和通风不佳，高度依赖人工照明和空调，这不仅使得建筑本身华而不实，更导致运营成本高昂，造成人力、物力、财力的极大浪费。

可以看到，扩招对大学的影响是一把“双刃剑”：既促进了大学建筑的发展，又给建筑文化管理带来了更大的挑战。因此，以人为本、以人文精神为核心的大学建筑文化管理思想在新时期显得尤为重要，其对大学精神的历史性传承、文化教育价值的承载、价值体系的创新，以及大学生人文情怀和健全人格的塑造都具有重要价值。因此，发掘其中的价值有助于我们纠正当今大学建筑文化管理过程中的理念偏差，并通过实施更具人文情怀的软性管理策略有效促进大学人文精神的培养与核心价值观的塑造。

第二节 我国高校建筑文化管理的价值

建筑的存在从来都不是一个抽象的概念，而是由具体的空间结构所呈现的实体。人并非这一空间结构的旁观者，而是其意义构建中不可或缺的部分。建筑空间本质上是人类运用材料对空间进行建构性改造的结果。因此，场所精神成为人类精神的承载者。每一栋建筑的结构都是这种场所精神的象征。通过建筑结构对空间的改造，我们将建筑与环境融为一体，形成一个与人的感知紧密相连的世界①。换言之，正是通过所处的空间，我们才能完整地感知世界从而更好地与世界互动。法国思想家列斐伏尔将空间分为空间实践、空间表征和表征空间，首次把过去空间的主客二元式思维通过人的实践活动融为一体②。

大学作为特殊的建筑场所，是学生和教师通过实践活动将建筑的特质和精神相互融合的空间，同时这一空间也被注入新的精神与品格。因此，大学建筑不仅是大学精神品质传承的重要媒介，更是精神本身的物化体现。所以，优秀的建筑文化管理具有鲜明的文化传承价值。大学建筑作为人造场所，是教育理念在空间和时间上的呈现，它不仅承载着师生的共同情感、理想和观念，还通过实际的教学活动使这些抽象元素在空间中得以具象化。在充满自由思想和独立精神的大学中，其建筑空间往往是向纵深开放的，内饰环境往往在深沉中透着明快，巧妙地在空间序列中传达“独立之精神”与“自由之思想”。良好的建筑

---

①舒尔兹.场所精神：迈向建筑现象学[M].施植明，译.武汉：华中科技大学出版社，2010.

②LEFEBVRE H. Everyday life in the modern world[M]. Piscataway: Transaction Publishers，1984.

文化管理理念则具有突出的文化教育价值。建筑并非单向地影响师生的精神、观念和气质，而是与在场的活动者共同营造出一个生动的氛围。因此，建筑文化管理对大学建筑及其使用者具有双向的塑造作用。优秀的管理理念和方法能够激发大学生的创造力，促进文化和科技的双重创新。

一、对大学文化传承的价值

高校建筑作为高等教育的基石，不仅代表了时代最高的文化水平，更是人类优秀思想的汇集地。相比其他建筑类型，它更具精神与文化内涵。因此，高校建筑不仅是历史性、文化性、艺术性和地域性文化的"立体标本"，更通过营造浓厚的学术氛围并融合时代精神，实现塑造人、培育人和成就人的目的，从而潜在且深刻地影响高校人才的培养。古今中外的著名大学在建筑文化管理方面都有很多杰出的创新。这些创新凝聚了大学的办学思想、教育理念和历史任务。一方面，规划设计者将时代赋予教育的基本理念和价值诉求通过建筑的空间布局和造型展现出来，如大学的环境及其与周围自然的呼应，建筑物的整体风格、结构设计、细部修饰，以及与其他建筑物的关系等，这些都通过文化管理手段进行塑造。例如，有的大学校园在规划和建设之初就依山傍水（如武汉大学），有的大学校园面朝大海（如厦门大学），有的大学校园则与古城相伴（如苏州大学）。每所大学的建筑风格都蕴含着自身特有的历史、气质和情怀。正是通过各具特色的建筑文化管理，这些既独特又具有普遍学术精神的文化得以在建筑所构造的空间中永久保留，并与每个时代进入其中的人进行无言的对话。另一方面，在建筑主体完成后，管理者继续以匠心独具的设计，通过建筑物的内部装饰、空间再安排、周围环境的绿化、建筑小品的修建、场所使用的统筹等来传达教育理念、审美旨趣和价值取向。这些看似不经意的轻声细语时刻作为大学场所精神的一部分，被身在其中的教师和学生所整体感知，并潜移默化地内化为个人思想观念的一部分，最终在不经意间通过其他方式展现出来。

任何一所校园的文化都是经过建筑场所与人的长期共鸣才积淀而成的。一所著名大学首先应当是拥有深厚历史底蕴和思想传承的殿堂，其文化底蕴是由几代人甚至数十代人的精神气质在历史沧桑、世事变更中凝聚而成的。而承载这份凝聚力量的永恒之物就是那些矗立在校园之中划分空间、构造场所的大学建筑。从表面上看，建筑物用石头记载历史，通过风格的演变记录和表达历史的脉络。但事实上，这一记录与表述都是以人的存在和参与为前提的。因为只有建筑文化管理的执行者才可能赋予建筑物真正的历史意义与价值。我们可以看到，当今中国的著名百年老校都非常重视对其古老建筑的保护与修缮工作。这一保护与修缮活动本身就是不断再现和激活古老建筑历史精神的人类精神活动。建筑的每一次变迁都见证着每一个与之相遇的个体的成长，诉说着人文传统的厚重，成为在场的受教育者解读这份传统的鲜活教材。无论是早期的京师大学堂、燕京大学、清华学校、河南留学欧美预备学校，还是民国时期成立的诸多国立大学和教会大学，都在历史的变迁中经历了建筑空间的更迭，如校舍的扩建与拆毁、重修与迁移，校园道路的反复规划，植被的无数次荣枯更替。可以说，每一处完整或残破的建筑遗迹都是对文化的传承，都体现了建筑文化管理者们的创造活动。

作为大学历史积淀的一部分，建筑同时也塑造着大学的历史轨迹。所以，建筑既不能游离于历史之外，也不能割裂与历史的关系。著名设计师墨菲在设计燕京大学的建筑时，就非常尊重当地的历史与文化，这一理念与燕京大学筹备人司徒雷登的思想不谋而合。为此墨菲亲赴故宫，仔细研究和学习中国古典建筑的艺术精髓。他认为飞扬的曲面屋顶、稳固的结构、华丽的色彩、合理的布局以及完美的比例都是可以被应用到新式建筑中的古典文化元素。基于此，燕京大学的建筑积极地融合了西方建筑手法与中国建筑的原有形式。虽然这种形式化、符号化和表象化的模仿难免有些拼凑痕迹，但正是这一缺憾造就了燕京大学中西交融、向中国文化回归的独特历史精神。历史正是在这样的具体实践中不断沉淀的。人文精神的传承并不是静止不变的，而是一个不断创新的动态过程。清华大学早期四大建筑的尊贵与和谐非但没有与中国古典文脉相冲突，反而为中国近代建筑史增添了浓墨重彩的一笔。大学的建筑文化管理正是这种创新得以持续的必要条件，每一次积淀都蕴含着建筑文化管理的独特价值。

校园建筑作为大学人文精神的凝结者和见证者，其最为重要的作用就是营造了场所精神。这种场所精神实质上反映了特定场所的历史传统特征，使置身其中的人们能够通过自我定位获得归属感，并通过与环境的互动了解自己与该场所的特殊关系。大学建筑所孕育的场所精神，往往是长年累月积淀的结果，它与大学自身的悠久历史、地域特色、文化环境和历史境遇密切相关。因此，大学建筑与场所精神是体与用的关系。高校建筑需要通过场所精神实现与历史和现实的对话，这种古今对话从本质上讲就是对历史文脉的延续。因此，从建筑文化管理的角度来看，这种通过对话实现的文化传承方式要求管理者充分发挥文化的隐性管理力量，将文化生命与人文情怀贯穿于建筑规划、建设、环境营造、内部装饰、空间布局及后续维护修缮的全过程。这一目标的实现离不开对大学历史脉络和办学理念的深刻理解。

此外，场所精神并非局限于原有建筑空间内的精神体现，而是通过场所精神，空间性才得以获得意义。也就是说，校园建筑的文化特质是通过赋予空间以意义而相互连接的。因此，在北京大学、清华大学和南开大学因抗日战争不得不进行大规模的空间迁移而共同组成西南联合大学时，尽管所有的建筑物都已经不是原有的建筑，但建筑物与其所造空间的转换并未影响三所大学文脉的代代相承。与之相类似，中央大学迁往重庆、武汉大学迁往嘉定都没有影响其文化和思想的传承。这充分证明了场所精神并不因建筑物和建筑空间的迁移而断裂，而这正是建筑文化管理发挥的重要作用。优秀的大学建筑文化管理不仅通过建筑本身的设计来传达教育理念、学术情怀和时代精神，更通过运用这些理念、情怀和精神对空间进行不断重构。因此，无论是昆明的西南联大、重庆沙坪坝的中央大学，还是嘉定的武汉大学，尽管重构的建筑可能简陋，但建筑文化管理者并没有放弃任何可以使用的方法对空间和环境进行营造。以西南联大的临时校舍为例(见图 3－4)，当时包括校长住宅在内的多数建筑都是土坯房、茅草屋顶，但图书馆的仿古砖木结构和屋顶吊脚飞檐的设计在当时的校园里都显得与众不同。同时，图书馆前的文化环境也毫不敷衍，草坪覆盖的广场、点缀其间的喷水池，无不透露出管理者的匠心独运。正是这样的努力，使得图书馆这一学校核心精神的象征在场所精神的重构中实现了意义空间的重生，进而保存了大学的精神内核和文化脉络。由此可见，建筑文化管理在文化传承中扮演着重要角色，其价值和意义深远而重大。

图 3-4　西南联大临时校舍

（资料来源：https://www.sohu.com/a/306232106_692901）

二、对大学生文化教育的价值

大学校园并非仅是建筑物简单排列形成的空间序列，还是集建筑艺术、绘画美学、雕塑风采、园艺景观于一体的综合场所。作为高等教育的摇篮，其每一处空间的设计本质上都是为学生营造接受文化教育契机的精心策划。优美且富有个性的校园建筑，如同一幅幅承载着大学历史与人文精神的生动画卷。当身处大学校园时，学生们能直观地感受到精心规划的建筑群落、雕塑小品、葱郁树木，以及镌刻或悬挂于建筑之上的校训、文化标语与人文园艺景观，这些文化元素以固态形式存在，却通过视觉、听觉、嗅觉、触觉等多维度感官被整体感知。例如，他们能体会到教学楼与图书馆的庄严肃穆与书卷气息，目睹先贤墨宝中蕴含的激励与教诲，嗅到花草间的清新芬芳，触摸到园艺小品中亭台楼阁的精致。这些人文景观所构筑的空间是充满活力的，师生们在日常学习与生活中会不经意地受到其文化氛围、审美追求、崇高使命与学术精神的熏陶，被这股向心力牵引，进而在无形中内化其承载的价值观念。尤其是那些标志性或核心建筑，如北京大学的博雅塔、未名湖与老图书馆，清华大学的荷塘月色，以及武汉大学古典韵味浓厚的图书馆，它们的功能早已超越建筑本身，以刚劲或柔美的姿态成为精神的象征，融入师生的精神世界，成为他们心灵的港湾。这种精神象征激发了师生的亲近感和自豪感，赋予他们强烈的归属感，无形中促进了学术探索与科研创新的热情。这股热情还吸引了更多优秀人才的目光，使他们向往并渴望加入其中。我国历史上那些在建筑规划、设计、建造、维护及管理上均追求卓越的大学，正是凭借这样的精神魅力，汇聚了无数学术精英，从而铸就了不朽的辉煌。

任何一所著名高校都精心打造了各具特色的建筑场所，这些场所或隐或显地彰显着其独特的文化氛围。例如，一座优秀的图书馆建筑应当带给师生庄严、秩序、厚重及和谐的感受，这些感受来自建筑的独特样式、细部设计、内部环境以及与周围自然环境的和谐融合，进而引导和激励进入图书馆的每一个人更积极地融入这一场所所营造的精神氛围中。同样的，一座优秀的大学广场不仅仅是一个供活动的场所，更是集理性认知、感性体验与情感共鸣于一体的艺术空间或美学空间①。它能根据进入其中的人群的不同及需求的变化营造出多样化的场所精神。在音乐会时，广场营造的热烈活泼的气氛，激发了观众的审美热情与参与激情；在思想宣讲会上，广场则展现出强大的凝聚力、震撼力和号召力，让每位师生都能被深刻的思想力量所感召；而在重要庆典中，广场则营造出庄严、神圣与高尚的氛围，让参与者接受大学精神的洗礼。清华大学礼堂前的草坪在中国近代建筑史上享有盛名，正是因为它独具匠心地设计并营造了充满魅力的空间。设计师墨菲巧妙地运用了中国固有之形式，将传统书院寄情于景的精髓融入其中，同时赋予其现代化的多元使用功能。对于大礼堂前的草坪广场，设计师精心考量了周围建筑的距离与空间对人心理的影响，打造了一个既美观又实用的场所。长方形的草坪广场被 2～3 层的低矮建筑环绕，前面正对宏伟的清华大礼堂，形成了紧凑而不压抑的合围空间，使身处其中的人们能够轻松观赏到周围建筑的独特风貌，从而构成了一幅亲切而生动的广场图景。这样的广场无疑成为清华学子心中难以忘怀的记忆。因此，通过场所精神的营造来激励和引导大学生更好地投入学术活动，是建筑文化管理对大学文化教育活动的深远影响所在。

大学建筑所营造的场所精神与大学生道德文明建设相辅相成。在古希腊

---

①舒尔兹．存在·空间·建筑[M]．尹培桐，译．北京：中国建筑工业出版社，1990．

哲学家柏拉图看来,美就是善的理想式①。人们应将情感专注于特定的美好对象,如烂漫的孩子、健美的成人或善举。这时,人们沉浸于美的海洋,如此凝神观照,心中自然掀起无限欣喜,于是孕育出崇高的道理并得到丰富的哲学收获②。德国哲学家康德也认为:"美是道德的象征。"③当代现象美学家米盖尔·杜夫海纳特别指出,我们能够实现善,因为审美愉快所固有的无利害性从本质上就是我们道德使命的象征,审美情感预示着道德情感④。这种与善同一的审美情感具有非常强的隐喻功能,因此大学建筑之美能够通过对应性、象征性和暗示性的手法来传达抽象的内涵,该内涵可以表达和投射某种意象性或意蕴。著名大学的建筑物之所以能超越单纯作为遮蔽物的功能性定性上升到艺术空间的高度,就是因为其蕴含着大学教育的普遍意义和人文精神。它们通过点、线、形、色、方位等形式,以及对称与均匀、节奏与韵律、比例与尺度等模态展现出庄严、秩序、神圣与崇高的人文精神,达到崇高与唯美的统一。在与建筑物的互动中,大学师生不仅能够产生共鸣,其情绪、感受、体验和思考还通过与建筑物和建筑文化管理者所要传达的价值理念及道德情操的融合,共同映射出师生对崇高与唯美的追求。

实质上,人作为审美主体,是以感性形式展现的理性存在。这一存在既涉及身体外在的知觉形式和行为特征,又涉及内在的精神活动。因此,人既是环境的主体,通过实践活动按照主观的认知形式、审美态度和道德形态来改造周围环境;同时,人也是环境的一部分,是受环境影响的审美者。周围环境的优劣会对人的身心健康、审美情趣和道德观念具有长远而显著的影响。人作为主体并不是孤立于世的,而是通过与外界环境的互动来调节和控制自身的行为方式和心理状态。所以,优秀的建筑文化管理理念、方法和措施可以有效提升校园环境的品质,增强校园建筑与自然环境、人文景观及历史底蕴的和谐统一,并将积极的文化观念通过建筑物的隐喻作用传递给每一位师生,以培养他们的审美能力,让他们在其中感受到教育的使命感、唯美感和崇高感,进而在心灵深处获

---

①WARRY J G. Greek aesthetic theory[M]. London:Methuen & Co. Ltd,1962.

②柏拉图. 柏拉图文艺对话集[M]. 朱光潜,译. 人民文学出版社,1963.

③李秋零. 康德著作全集第5卷:实践理性批判、判断力批判[M]. 北京:中国人民大学出版社,2007.

④杜夫海纳. 美学与哲学[M]. 孙非,译. 北京:中国社会科学出版社,1985.

得一种虔诚而喜悦的共鸣。在这样的状态下，个体的灵魂在有限与永恒的结合中找到了归宿①。

另外，优良的建筑文化管理还具有爱国主义教育的价值。例如，在抗日战争期间，中央大学的七七抗战大礼堂和武汉大学的文庙大礼堂（见图 3－5）就被用于学术讲演和集会。这两座大礼堂建筑庄重肃穆，横跨距离大，便于师生集会。七七抗战大礼堂的屋顶为红色，象征着炽热的民族精神和抗战必胜的决心，始终激励着抗战时期师生的爱国主义情怀。它时刻提醒着进入这里的人们，教他们明白国人的骨气和尊严，教他们挺起胸来奋斗，以崇高的学术精神回馈民族和国家，这正是建筑真正的精神所在。因此，优质的建筑文化管理具有显著的文化教育价值。

图 3－5　武汉大学文庙大礼堂

（资料来源：https://www.mafengwo.cn/gonglve/ziyouxing/405475.html）

三、对大学生创新能力的价值

大学本身就是创新的重要阵地，是时代精神的聚集地，也是最新观念的摇

①刘小枫. 诗化哲学[M]. 济南：山东文艺出版社，1986.

篮。中国近代史上的思想启蒙和社会运动无不与各大著名高校息息相关，如五四运动、新文化运动、“一二·九”运动等。作为孕育思想自由，人格独立与兼容并包精神的摇篮，大学建筑所营造的场所精神孕育了最富朝气和创新精神的大学人。对于青年学子来说，新鲜事物和思想具有很大的吸引力，尤其是当这些青年正处于思维活跃、朝气蓬勃、意气风发的人生阶段时，他们对新鲜事物和思想的渴求更为强烈。相较而言，大学内的各类活动更具个性化和多元化的特点。这两个主要特征表现在心理层面就是需求的多样化和复杂化，其促使大学生对自我成就的追求和社会化的渴望更加强烈。这些内在需求在具体场所中，通过人们对空间和场所的外在需求得以体现。

优秀的建筑文化管理者擅长规划和设计空间结构，营造人文景观，并注重建筑细部构造。只有那些蕴含场所精神的美好环境，才能满足大学生独立、多元和崇尚自由的心理需求。作为大学校园的主要使用者，青年大学生思维活跃，充满热情与活力。校园空间序列的错落有致、建筑群的层次丰富和形式多样、内部空间的宽阔有序、光线的明亮柔和、建筑材质的质感强烈，以及校园绿化和文艺小品与建筑物的交相辉映，都能促进思维向更加丰富的层次延展，进一步激发大学生的活力。苏联教育家苏霍姆林斯基曾指出，学生所处的环境是生动思想的源泉，是教育者们取之不竭、用之不尽的宝库。教育者首先应当是教育环境的设计者①。因此，校园建筑及其构造的空间应成为与大学生融为一体的场所。那些布局合理、设计得当的著名大学建筑，从内到外都将空间形态的丰富性和开放性展现得淋漓尽致。无论是高大宏伟的主体建筑、宽阔明快的大学广场、整齐洁净的校园小径，还是宽敞明亮的教室、雄伟阔大的礼堂大厅、优雅精致的湖边亭台，都能通过空间形态的丰富性和开放性深刻影响人们的知觉，进而潜移默化地塑造大学生的思维方式。莫里斯·梅洛-庞蒂在其著作《知觉现象学》中指出，身体把自己的各个部分当作周围环境的一部分，人们正是以这种方式不断接触并理解世界从而发现其深层意义②。在莫里斯·梅洛-庞蒂看来，我们通过知觉的现象来完成自身存在意义的构建。也就是说，大学生不仅通过教师的授课和对文献的阅读来获取知识，也在很大程度上通过对周围校园环境的感知来激发新思想和新思维。因此，大学建筑文化管理对大学生的文

---

①王森勋.高职学生人文素质教育[M].济南：泰山出版社，2008.

②梅洛-庞蒂.知觉现象学[M].姜志辉，译.北京：商务印书馆，2001.

化创新有着不可忽视的影响。

高校建筑文化管理的重要任务在于为师生开展各种丰富的寓教于文、寓教于乐的教育活动提供优良的场所，让他们能够在人与人、人与场所、人与自然的互动中教有其所、学有其所、乐有其所，在潜移默化的求知、求美、求乐活动中提升审美能力、接受思维启迪。创造富有强烈审美价值的场所，本身就是创新文化的现实体现。审美能力的培育不仅是对人认识世界和改造世界能力的培育，更是实现自我美化、塑造完善人格的重要途径。这种独特的培育方式是其他教育手段所无法替代的①。在康德看来，审美判断力不仅仅是人的对象化知觉能力，更是连接纯粹理性和实践理性的桥梁。李泽厚先生指出，康德旨在通过审美判断力将认识和伦理联系起来，达到天人合一的境界。审美判断力将自然形式的合目的性与人的主观审美感受相联系，而目的论则将自然的客观目的与道德的人相联系。审美判断既有知性的认识内容，又有本体上的意义。由此逻辑出发，审美判断力成为激发人类知性之无限能力的根本契机。所以，审美能力的培育不仅可以陶冶人的情操、完善人的道德、激发人的活力、净化人的思想、强化人的体魄，更重要的是能使人的身心得到和谐发展，精神境界得以升华。具有一定审美能力的人，往往拥有广博的知识储备、丰富的人生阅历、细腻的情感以及敏锐的洞察力、感悟力和想象力。这一切的基础就是审美判断力。

创新是人们根据一定目的，运用已有知识，通过人的思维活动产生新认识和新思想的过程②。但是，创新能力并不仅仅取决于人的认知能力、知识水平和智商，更需要发现问题的敏锐感和强烈的探索欲，包括洞察力、想象力和创新的胆识。有了这种能力和胆识，人才可以透过事物表面现象，敏锐地发现其中的本质，产生新的思维或设想，既不畏惧权威又善于细致分析问题和总结经验，而这一切的基础恰恰是判断力。所以，文化创新能力与审美能力之间存在着积极的相互促进作用。审美能力的提升就意味着判断力的增强，当然也同时促进了创新能力的长足发展。审美本身就是一项富有创造力的活动。要想获得美的体验，人就必须全身心投入体验，与审美对象融为一体，通过理解、联想和想象进行丰富的再创造。审美体验有助于想象力的提升。黑格尔指出，如果要谈

---

①仇春霖.大学美育[M].北京：高等教育出版社，1997.

②辛铁樑.首都发展与人才能力建设[M].北京：中国社会出版社，2004.

及人的能力，最杰出的本领莫过于想象①。想象力无论对于从事人文学科还是自然科学的人来说都是举足轻重的。例如，牛顿受苹果落地的启发发现了万有引力定律；门捷列夫受纸牌启发发现了元素周期律，这些都是想象力绽放的例证。英语中的 imagination 一词既有“想象力”的含义，又有“创造力”的意思，从中不难看出两者内在的联系，甚至可以说，想象力就是创新能力之源。另外，洞察力或直觉能力也是创新的重要力量，而审美教育正是培养这些能力的有效途径。例如，著名物理学家爱因斯坦非常喜欢拉小提琴，诺贝尔物理学奖获得者杨振宁爱好古诗词，中国航天之父钱学森喜欢弹钢琴等。此外，审美活动还培养了人的超越能力（包括对物质功利的超越，对主客二元对立的超越），有利于增强人的心理调控能力、感悟能力和纯粹情感体验，这些都是文化创新所必需的要素。

综上所述，校园内合理的布局、各具特色的建筑场所、文明健康的文化教育设施、清洁卫生的校道、别致的盆景、温馨的墙语和严谨的校训牌等带来的美感可以激发人们追求美的热情。对美的追求本身就对青年学生开阔视野、启迪心智、激发想象力和培养科学精神起到重要作用。高校建筑通过与周围环境及人文元素的结合，借助文化管理的手段将建筑科学、技术与人文精神紧密结合，从而在潜移默化中提升了师生的人文精神和科学价值判断能力。因此，在优秀的建筑文化管理理念和方法指导下构建的良好环境对文化创新能力的培养具有重要的意义和价值。

---

①黑格尔. 美学：第1卷[M]. 朱光潜，译. 北京：商务印书馆，1979.

第四章　我国高校建筑文化管理的现状调查与分析

第一节　调查问卷与调查对象

一、问卷编制

高校建筑通过其所蕴含的文化对人产生的潜移默化的影响往往在具体的人际互动场景中得以体现。作为先前凝聚的人的价值与意义的物化载体，建筑与在场的主体产生着联系，不断再创造新的意义。这一意义的创造与再创造本质上是以人这个知觉主体为中心完成的。校园建筑本质上就是人类知觉的空间化和时间化的实体性创作。高校师生通过整体的知觉体验感知并理解周围的环境，将场景中的各个元素转化为内心中的意象形式。因此，高校建筑能否达到以文化进行管理的最大效果，往往取决于其构建的主体性意象能否被主体所接受、体会和再造。所以，在编制高校建筑文化管理相关问卷时，我们着重对高校建筑意象的各个维度进行考察，主要着眼于评估高校建筑景观的知觉可达性，即可读性。我们通过编制高校建筑文化在何种意义上具有多大程度可读性的问卷，对我国建筑文化管理的现状进行量化统计和分析。

根据美国人本主义城市理论学家凯文·林奇(Kevin Lynch)的建筑空间文化意象理论，建筑物普遍具有可读性特征，即具有公众意象。林奇将其归纳为个性、结构和意蕴三个维度。其中，个性因素是指个体通过知觉对整体建筑环境的接受程度(即认同感和归属感)，是主体综合感知后形成的意象；结构和意蕴指建筑空间具体形式的可读性——意象，进一步分为物质文化意象、价值文化意象、制度文化意象和行为文化意象四类。问卷的编写参照了这种分类方法，将高校建筑视为一组可加工的意象，即这个意象必须包括物体(建筑空间)

与观察者(大学生)以及物体与物体之间的空间或形态联系,而且必须为观察者(大学生)提供实用或情感上的意义。问卷内容见附录Ⅱ“高校建筑文化管理意向调查问卷”。

问卷共有十七题,第一题至第五题为基础人口统计学问题,只作为统计分析的变量。第六题与第十五题旨在调查高校大学生对所在学校的建筑是否有认同感和归属感。第七题至第十四题为大学师生对其学校建筑文化管理的相关意象的调查,该调查分为四个具体维度:价值文化意象、物质文化意象、制度文化意象和行为文化意象。其中,第七题与第九题为物质文化意象的调查;第八题与第十四题为价值文化意象的调查;第十一题与第十三题为制度文化意象的调查;第十题与第十二题为行为文化意象的调查。根据可感知的程度,问卷采用五级计分制(1～5分):1分表示完全否定或不认同,5分表示完全肯定或认同。第十六题与第十七题为开放性题目,主要用于词语摘录和分析。问卷在编写完成后经过修改并通过电子邮件的方式发送给建筑理论、社会学和管理学领域的12名专家进行评审。除3封邮件没有回执外,其余9名专家均认为问卷基本满足研究需求,并提出了相关修改意见。问卷编订后,我们在武汉大学校内发放了55份,并在三个月后再次向同一批人发放,用SPSS 17.0进行再测信度检验。结果显示,问卷整体再测信度为0.77,四个分维度的内部一致性系数为0.71,表明问卷整体信度较高。

二、调查的对象与数据施测

采取非概率抽样的方法,我们从华北、华中、华东、西南、西北五个地区的七所不同类型院校(涵盖“双一流”院校、普通高等院校和民办高等院校)——北京大学、吉利学院、河南大学、武汉大学、西安外事学院、云南民族大学、福建师范大学中,抽取了在校时间在三年及三年以上的本科生和研究生作为被调查对象。现场共发放问卷1611份,其中有效问卷1551份,有效率约为96.3%。调查对象的平均年龄为22.56岁,其中男性920人,约占总人数的60.3%,女性631人,约占总人数的39.7%;研究生506人,约占总人数的32.6%,本科生1045人,约占总人数的67.4%。所采集的数据用Excel和SPSS 17.0进行百分数统计、F检验和回归分析。

第二节　调查结果与分析

一、总体情况分析

从统计结果来看，大学生对所在大学校园空间和建筑文化的认同感和归属感的得分分布区间主要为基本认同和比较认同，有39.8%的大学生选择了对其所在学校基本具有认同感和归属感，有24.6%的大学生选择了有较强的认同感。但是，选择基本不具认同感和完全不具认同感的大学生分别占19.7%和5.5%，同时19.6%和6.7%的调查对象选择了基本不热爱和完全不热爱自己所在高校的建筑文化环境，其主要分布在民办高校和普通高校中。这除了可能与其所在高校建筑文化自身存在的问题有关外，还可能受到管理制度的严格性、教学质量及其他因素的影响。这些影响因素的叠加影响了大学生对高校建筑文化管理的意象判断。高校大学生建筑文化管理意象诸项得分如表4-1所示。

表4-1　高校大学生建筑文化管理意象诸项得分

问卷题目	完全否定（1分）		基本否定（2分）		基本认同（3分）		认同（4分）		非常认同（5分）		平均数±标准差
	人数/人	占比/%	人数/人	占比/%	人数/人	占比/%	人数/人	占比/%	人数/人	占比/%	
六、认同和归属感	85	5.5	306	19.7	617	39.8	382	24.6	161	10.4	2.85±1.630
七、文化设施	81	5.2	280	18.1	292	18.8	552	35.6	346	22.3	3.39±1.167
八、文化韵味	115	7.4	411	26.5	577	37.2	322	20.7	126	8.1	2.91±1.747
九、环境的管理维护	20	1.3	321	20.7	467	30.1	507	32.7	236	15.2	3.40±0.919
十、空间应用	325	21.0	693	44.7	411	26.5	114	7.4	46	0.3	2.09±1.084
十一、周期性营建、管理和维护	135	8.7	678	43.7	352	22.7	327	21.1	59	3.8	2.20±0.887
十二、举办活动	0	0	126	8.1	892	57.5	352	22.7	181	11.7	3.38±0.795
十三、开设相关课程	572	36.9	602	38.8	377	24.3	0	0	0	0	1.87±0.773
十四、地域性特征营造	61	3.9	371	23.9	617	39.8	303	19.6	199	12.8	3.14±1.552
十五、热爱学校的建筑文化环境	101	6.7	307	19.6	644	41.5	346	22.4	153	9.8	2.77±1.530

从物质文化意象(第七、九题)得分的分布区间可以看出,我国高校对校园内的雕塑、纪念碑、文化墙等建筑文化设施与对自然环境(水域、植被和景观)的营造和管理较为重视,分别有18.8%、35.6%、22.3%(共76.7%)的大学生选择了学校基本重视、重视和非常重视相关人文建筑景观的营造管理。同时,有30.1%、32.7%和15.2%(共78%)的大学生认为其所在高校基本重视、重视和非常重视校园自然环境和景观的营造管理。从价值文化意象(第八、十四题)的得分区间可以看出,超过50%的大学生集中选择了基本不能和基本能感受到其中的文化韵味(占比分别为26.5%和37.2%),以及学校基本不具有和基本具有独特性和地域性特征(占比分别为23.9%和39.8%)。这一方面说明,作为观察主体的高校学生在进行文化价值判断时更加趋于理性化和中立化,较少采用极端化的情感表达;但另一方面也表明,我国高校建筑文化在多样性和文化内涵的营造上都不够突出,这可能影响学生对学校建筑文化的强烈融入感和归属感。从行为文化意象(第十、十二题)的得分分布区间来看,两题得分总体差异较大。由此可以看出,我国高校对建筑文化空间的应用主要集中在利用综合楼、礼堂、广场、图书馆和体育馆等场所举办活动。有57.5%、22.7%的大学生认为其所在学校有和较多地举办校园活动,11.7%的大学生选择了举办活动很多。但是,对校史馆、博物馆和文化咖啡馆等建筑文化场所的利用就非常匮乏,有21.0%和44.7%的大学生选择了其所在学校完全没有和基本没有在这些场所上课和举办文化活动,这与西方高校形成鲜明对比。例如,剑桥大学等西方学府常将很多自然、历史和人文课程直接安排在相应的博物馆内进行,并在人文咖啡馆内组织讨论课,同时定期在校史馆开设本校历史文化课程。由于我国的高校受到历史、资金、传统等因素的制约,博物馆等场所的建设本身就相对较少,加上课程管理制度相对固定和节约管理成本的需要,深具文化意象性的建筑文化空间的利用率较低。从制度文化意象(第十一、十三题)的得分分布区间来看,我国高校对于建筑文化和校史课程的制度化设置也非常匮乏。除了少数"双一流"院校在新生入学初期开设有限的建筑参观活动课和校史课程外,其他学校几乎完全没有相关课程和活动。此外,在对自身具有历史性价值的建筑维护上,我国高校也缺乏制度化和周期性的维护。有43.7%的大学生认为其所在学校基本没有对其建筑文化进行周期性营建、管理和维护,这说明我国高校在制度文化管理层面存在不足。

总体而言，我国建筑文化管理，尤其是在用文化进行管理方面仍有诸多不足之处，存在很大的改善空间。另外，问卷的得分还存在较大的人口统计学变量差异，不同类型的**高校、学科类型、性别等都可能影响大学生建筑文化意象的**形成。

二、高校建筑文化管理意象的差异分析

将人口统计学变量（如年龄、性别、院校和学科）分别作为逻辑斯蒂克方程的协变量（见表 4-2）。通过回归方程的似然比检验（likelihood ratio test）可以看出，影响问卷得分的主要人口统计学变量为院校变量（$p<0.001$）和学科变量（$p<0.05$）。性别、学历和年龄变量均不呈现显著性影响（0.934、0.066、0.442）。换言之，不同类型的高等院校大学生的建筑文化意象存在极显著差异，不同学科大学生的建筑文化意象也存在较为显著差异。

表 4-2　人口统计学变量的似然比检验

人口统计学变量	模型拟合标准	似然比检验		
		卡方	自由度	显著性
截距	4.746×10^2	0.000	0	—
院校	4.977×10^2	23.116	4	0.000***
性别	4.754×10^2	0.834	2	0.934
学历	4.992×10^2	24.621	2	0.066
学科	4.834×10^2	8.827	4	0.037*
年龄	4.907×10^2	16.151	2	0.442

注：* $p<0.05$，*** $p<0.001$。

用 SPSS 17.0 对不同类型高校的得分进行方差分析（analysis of variance，ANOVA），结果如表4-3所示。在价值文化意象的得分上，“双一流”院校与普通高等院校不存在显著性差异（$p>0.05$），但与民办高等院校存在极显著性差异；普通高等院校与民办高等院校相比存在显著性差异（$p<0.01$）。在行为文化意象的得分上，“双一流”院校与普通高等院校存在较为显著性差异（$p<$

0.05)，与民办高等院校相比存在极显著性差异($p<0.001$)。在制度文化意象的得分上，“双一流”院校、普通高等院校和民办高等院校均显示极显著性差异($p<0.001$)。在物质文化意象的得分上，“双一流”院校的得分与普通高等院校**相比不存在统计学意义上的差异**($p>0.05$)，但与民办高等院校相比存在较为显著性差异($p<0.05$)。普通高等院校与民办高等院校相比存在较为显著性差异($p<0.05$)。

这些数据与当前高校建筑文化管理的现实性问题相吻合。在资金和人力资源的大力倾斜下，“双一流”院校的建筑文化管理表现优异。与之相比，普通高等院校略逊一筹，在建筑文化管理中存在较多问题，即便在具备相似历史文化底蕴的情况下，其得分仍旧低于资金和人力资源更为充沛的“双一流”院校，而民办高等院校在这方面的表现则更为不足。这除了资金和人力资源的问题外，办学历史、管理理念和办学理念等因素在很大程度上也影响了大学生的建筑文化意象，进而从感知主体的角度反映了高校建筑文化管理的水平。

表 4-3　不同类型高校得分方差分析

变量	参照院校	对比院校	均值差	标准误	F 值
价值文化意象	1	2	0.622	0.241	0.067
		3	3.606	0.136	0.000***
	2	1	−0.622	0.241	0.067*
		3	2.984	0.135	0.005**
	3	1	−3.606	0.136	0.000***
		2	−2.984	0.135	0.005**
行为文化意象	1	2	1.754	0.122	0.047*
		3	2.792	0.123	0.000***
	2	1	−1.754	0.122	0.047*
		3	1.038	0.122	0.002**
	3	1	−2.792	0.123	0.000***
		2	−1.038	0.122	0.002**

续表

变量	参照院校	对比院校	均值差	标准误	F 值
制度文化意象	1	2	1.390	0.105	0.000^{***}
		3	3.153	0.106	0.000^{***}
	2	1	−1.390	0.105	0.000^{***}
		3	1.763	0.105	0.000^{***}
	3	1	−3.153	0.106	0.000^{***}
		2	−1.763	0.105	0.000^{***}
物质文化意象	1	2	1.105	0.133	0.137
		3	4.235	0.135	0.018^{*}
	2	1	−1.105	0.133	0.137
		3	3.129	0.133	0.048^{*}
	3	1	−4.235	0.135	0.018^{*}
		2	−3.129	0.133	0.048^{*}

注：$^{*}p<0.05$，$^{**}p<0.01$，$^{***}p<0.001$；表中1代表“双一流”院校，2代表普通高等院校，3代表民办高等院校。

用SPSS 17.0对不同学科类型学生的得分进行方差分析，结果如表4－4所示。在价值文化意象的得分上，文科类学生与医科类学生之间存在较为显著性差异（$p<0.05$），与理工科类学生相比则存在极显著性差异（$p<0.001$）；医科类学生与理工科类学生之间存在较为显著性差异（$p<0.05$）。在行为文化意象的得分上，文科类学生与医科类学生之间不存在显著差异，但与理工科类学生相比则存在较为显著性差异（$p<0.05$）；医科类学生与理工科类学生之间不存在显著差异。在制度文化意象的得分上，文科类学生与医科类学生之间也不存在显著差异，但与理工科类学生之间存在显著性差异（$p<0.01$）；医科类学生和理工科类学生之间也不存在显著性差异。在物质文化意象的得分上，文科类学生与医科类学生之间不存在显著性差异，但与理工科类学生之间存在显著性差异（$p<0.01$）；医科类学生和理工科类学生之间不存在显著性差异。

表 4－4　不同学科类型学生得分的方差分析

变量	参照院校	对比院校	均值差	标准误	F 值
价值文化意象	1	2	0.512	0.260	0.050*
		3	1.101	0.235	0.000***
	2	1	−0.512	0.260	0.050*
		3	0.589	0.265	0.027*
	3	1	−1.101	0.235	0.000***
		2	−0.589	0.265	0.027*
行为文化意象	1	2	0.133	0.209	0.524
		3	0.428	0.189	0.024*
	2	1	−0.133	0.209	0.524
		3	0.294	0.213	0.168
	3	1	−0.428	0.189	0.024*
		2	−0.294	0.213	0.168
制度文化意象	1	2	0.299	0.214	0.164
		3	0.607	0.193	0.002**
	2	1	−0.299	0.214	0.164
		3	0.308	0.218	0.158
	3	1	−0.607	0.193	0.002**
		2	−0.308	0.218	0.158
物质文化意象	1	2	0.308	0.292	0.291
		3	0.793	0.263	0.003**
	2	1	−0.308	0.292	0.291
		3	0.485	0.297	0.103
	3	1	−0.793	0.263	0.003**
		2	−0.485	0.297	0.103

注：* $p<0.05$，** $p<0.01$，*** $p<0.001$；表中 1 代表文科，2 代表医科，3 代表理工科。

通过表 4－4 的数据，我们可以从统计学层面看出，与医科和理工科类学生相比，文科类学生在建筑文化意象的表达上更加积极，尤其是在价值文化意象这一维度上，与医科和理工科类学生相比，文科类学生都呈现出显著和极显著性差异。理工科类学生的建筑文化意象得分相对较低，这可能与他们自高中起就实施文理分科，缺乏长期的人文素养熏陶有关，加上其学习和科研内容多聚焦于客观物质，较少涉及文化意象的影响，因此得分不高。换言之，建筑文化对于文科类学生和理工科类学生的可读性存在显著差异。这更加表明，当前高校建筑文化管理对增强高校学生人文素质的重要性。同时也表明人文素质与文化管理是互相关联的：人文素质水平会直接影响文化管理的效果，而文化管理的质量同样会反作用于大学生的人文素质和人文情怀的培养。

三、高校建筑文化管理意象的回归分析

人文情怀通过个体的知觉感受，主要以“认同”“归属”和“热爱”等语言项加以表述，是建筑文化可读性和可感知性的表现。笔者以此次统计的第六题和第十五题的得分作为自变量，以四组建筑文化意象作为因变量，用SPSS 17.0进行线性多元回归统计，结果如表 4－5 所示。分析表明，物质文化意象与高校建筑文化的可读性和可感知性呈现出极显著性相关（$p<0.001$）。这从数据层面说明，建筑文化的现实存在形式——建筑物和建筑空间，对学生的影响最为直接且易于被知觉捕捉。同时，价值文化意象和行为文化意象与高校建筑文化的可读性和可感知性均呈现出显著性相关（$p<0.01$）。从结果来看，建筑文化的诸多意象与高校学生对其所在高校建筑文化的认同感紧密关联。所以，建筑文化管理对学生个体有着深远的影响。有效运用建筑文化进行管理，对高校学生当前的学习、学术活动和未来发展都有不可估量的积极作用。

表 4－5　建筑文化管理意象的多元回归检验

模型	标准回归系数	T 值	R 值	R^2	调整后的 R^2 值	F 值
价值文化意象	0.003**	3.008				
行为文化意象	0.004**	2.916				

续表

模型	标准回归系数	T 值	R 值	R^2	调整后的 R^2 值	F 值
制度文化意象	0.038*	2.080				
物质文化意象	0.000***	6.896				
总值	0.060*	−1.697	0.887	0.620	0.615	0.039

注：* $p<0.05$，** $p<0.01$，*** $p<0.001$。

四、高校建筑文化管理主体回应的内容分析

为了更加多角度地对建筑文化管理进行研究，我们的问卷调查除了采用数据统计和分析方法外，还辅助采用了访谈法（问卷Ⅰ）来对大学生的主观意见进行调查。提纲共设有8个问题，涉及学生对高校建筑文化价值的态度、对新校园建设的见解与担忧、对文化标志物的认知、对校园建筑历史传统与文化意蕴的态度、对整体布局的感知，建筑对个人及生态环境的影响，学校对建筑文化的塑造，以及学生对建筑文化管理的个人建议和设想。由于采取了质的研究方法，且访谈时间控制在15分钟左右，所以访谈对象样本容量较低。我们在问卷调查的基础上随机抽取了50名在场的学生进行访谈。对于访谈数据的处理，我们采用了内容分析法，即将访谈录音转录为文字资料，并对关键词和多频词语进行提取和分析。

此次分析提取的关键词和高频词包括：有影响（46次）、校园美（23次）、心情好（19次）、沧桑感/历史感（9次）、很舒适（37次）、没人管/管理不善（21次）、没注意（19次）、要加强（44次）、建筑很漂亮（16次）、感觉不美（27次）、环境好（30次）、有意义（18次）、枯燥（29次）、没保护好（21次）、保护得不错（19次）、习惯了（13次）、好地方（19次）、有意识（9次）、没意识（27次）、恰当（27次）、不恰当（22次）、活动多（19次）、不参加（9次）、活动少（11次）、加强管理（33次）、别乱建（11次）、要实用（25次）、有感觉的（6次）、休闲场所（7次）、运动场（19次）、开放性（13次）、风格一致（5次）、景色美（8次）、有地方特色（7次）、投资（19次）、尊重学生意见（17次）、民主（9次）、参与意见（6次）、专业管理（11次）。

从提取的高频词或关键词来看，认为建筑文化管理对于自身的学业和科研“有影响”的词频为46次，可见大部分学生都能够感受到建筑文化营造对自身

的潜在影响。与之相关的关键词还有：校园美、心情好、沧桑感/历史感、很舒服、环境好等。事实上，这从不同层面表明了这些学生对校园环境的期待和切身感觉，尤其是对于刚刚入学的青年学生，学校建筑所蕴含的历史氛围、学术气质和外在形象将对他们产生深远影响。因此，建筑文化的管理和建筑自身的维护也是大学生关注的焦点之一。其中，“有意义”一词出现 18 次，这主要反映了学生认为建筑文化管理和历史古建筑的维护对于他们的日常学习、生活是有意义的。这些正面反馈从侧面表明建筑文化管理的效果事实上影响了学生的主观观念。从反向结果看，“枯燥”一词出现 29 次，“没保护好”出现 21 次，“感觉不美”出现 27 次，“没注意”出现 19 次，这也反映出某些大学的建筑文化管理存在的问题，尤其是有些学生对于建筑文化“没注意”“没感觉”，这不禁令人反思：高校投入大量资源建设的建筑，是否仅仅是给学生提供一个学习知识的空间？

建筑文化管理的另一个重要组成部分就是对建筑场所的功能应用管理。能否高效地利用建筑空间，使其成为学生融入校园生活的重要部分，是一个大学建筑文化管理水平的重要表现。高频词如“活动多”（19 次）、“休闲场所”（7 次），“开放性”（13 次）、“运动场”（19 次）、“要实用”（25 次），均反映了大学生对学校建筑空间应用的重视。因此，能否让学校建筑起到用文化管理的作用，重点在于大学生是否有更多的机会融入其中。所以，开放的空间、更多更好的运动场、实用的场所是大学生对学校建筑文化的重要期待，也是建筑文化管理者应当重点关注的领域。从不足方面看，提到“不恰当”“活动少”的频次也很高，还有部分学生对各种文化活动采取了“不参加”的回避态度，这在一定程度上说明建筑文化管理的不足和缺失导致学生难以在校园生活中获得融入感，进而难以实现软管理对学生主体性的积极影响。

另外，在大学生的主体感受中，“风格一致”“景色美”“有地方特色”也成为较高频词汇（分别为 5、8、7 次）。由此可见，学生对建筑文化的形态展现出强烈的自我意识关注。在大学生对建筑文化管理的意见和建议中，“加强管理”“别乱建”“有感觉的”“尊重学生意见”“民主”“参与意见”和“专业管理”成为高频关键词。由此可见，建筑文化管理不仅是学校管理者的职责，更是全体大学场域参与者的共同责任。因此，“民主”“尊重学生意见”应当成为未来建筑文化管理关注的部分，这将是实现文化管理效用最大化的重要组成部分。

通过对1551名高校学生的问卷调查结果进行分析，我们发现高校学生的文化意象(包括价值文化意象、行为文化意象、制度文化意象和物质文化意象)均与其人文情感和对所在学校的认同感与归属感存在显著相关关系。学生作为知觉主体，能够整体性地把握建筑文化所营造的独特场域。其中，高校建筑文化管理的整体水平和学科类型差异对建筑文化的知觉意象有显著影响。“双一流”院校的整体意象得分水平显著高于普通高等院校和民办高等院校，文科类学生的意象得分水平显著高于理工科类学生。

从用文化管理的角度看，我国建筑文化管理已经具备一定的水平，但仍旧面临诸多挑战。僵化的制度化管理和人本主义管理水平的参差不齐影响了建筑文化管理的效果。在营造建筑文化的多样性和丰富内涵方面，博物馆和人文气息浓厚的建筑文化场所相对缺乏，校史文化课程教育严重匮乏，深具文化意象性的建筑文化空间利用率较低，不同类型高校的建筑文化管理水平差异显著。此外，对具有历史价值的建筑的维护也存在不足，缺乏制度化和周期性的维护管理机制。这些问题都是当前我国高校建筑文化管理中的突出问题，因此我们需要在改革过程中明确主要矛盾，集中力量解决重点问题。

第五章 我国高校建筑文化管理的案例研究

所谓案例研究，就是在现象与其背景界限模糊时，使用多种资料来源调查现实世界中当前现象的一种实证性研究方法①。案例研究以其针对性和易识别性著称，在诸学科的研究中有着广泛的应用基础。其鲜明的特点在个案分析、学科研讨以及关键技术环节的应用等方面，均展现出独特的研究优势。鉴于此，本书将中国高校建筑文化管理作为个案进行深入探讨，旨在通过此途径增进对建筑文化管理的理解。为此，本研究将侧重案例研究的方法、目的、评价标准等，并选取具有代表性的融合中西建筑风格元素的武汉大学建筑文化管理、体现西方特色的清华大学建筑文化管理、代表岭南建筑文化风格的厦门大学建筑文化管理、蕴含少数民族风情的云南民族大学建筑文化管理以及吉利学院和西安外事学院等民办高等院校建筑文化管理作为个案，分析其建筑文化的精华，以期对建筑文化管理有更加深入的了解。

第一节 武汉大学建筑文化管理案例分析

武汉大学不仅是武汉市的城市地标，也是湖北地区乃至中国高校中以文物性建筑为代表的传统建筑文化瑰园。其早期建筑是中国近代以来大学建筑文化、中西建筑理念、传统与现代融合的典范，在艺术性、科学技术性、历史文化性等多方面具有重要的价值。作为与北京大学、清华大学齐名的高校建筑文化代表，武汉大学 15 处 26 栋建筑面积为 54054 平方米的早期建筑，于 2001 年 6 月

---

①YIN R K. Case study research: design and methods [M]. Thousand Oaks: Sage Publications, 1994.

25日被国务院正式列为“第五批全国重点文物保护单位”。珞珈山的“十八栋”被开辟为“武汉大学历史文化教育基地”。同时，在《光明日报》头版刊发的《“筑”梦珞珈山》及《楚天都市报》连载的《走进珞珈山》等，都通过介绍武汉大学的早期建筑群推动了社会对武汉大学早期建筑文化的再认识，进一步传承和弘扬了中华优秀传统的高校建筑文化①。

在文物保护工作方面，武汉大学采取了多项措施，于2001年成立了早期建筑保护管理委员会，并出台了《武汉大学早期建筑(国家重点文物)保护管理办法(暂行)》。2011年，学校成立全国高校首个文物保护管理处。2014年，中国文物学会高校历史建筑专业委员会成立大会在武汉大学召开，时任校长李晓红当选首任会长。

对武汉大学校园建筑文化的考察可以从历史背景、整体布局、色彩配置、建材选用、实用功能等多个方面进行。可以说，武汉大学的校园建筑不仅是20世纪以来国内建筑文化的重中之重，也是当前高校建筑文化管理领域极具代表性的研究对象。

从历史文化的角度考察，正如武汉大学新校舍主设计师弗朗西斯·亨利·开尔斯(Francis Henry Kales)所言，中国人仿佛在用建筑来寻求民族身份的认同，也在用建筑向世界证明民族的自尊。正是这种对中国传统建筑中蕴含的特殊文化内涵的深刻理解塑造了武汉大学建筑的雄浑气魄。在校园建设之初，正值政局动荡之际，武汉大学新校舍建筑设备委员会委员长是著名地质学家李四光，秘书长是著名林学家叶雅各；教育学家王星拱、民主进步人士张难先，以及国民政府要员石瑛、麦焕章等组成了委员会委员。阵容不可谓不强大。这种由专业技术人员以及政府行政人员组成的筹备委员会在校址选定、建筑设计、行政协调等诸方面发挥了重要作用。由此可见，高校建筑是一项需要专业人员与行政人员多方携手的系统工程，人和是必备要件之一。

武汉大学首任校长王世杰认为，武汉大学应当是一所集文、理、工等诸学科于一身的现代化综合性大学。大气、实用、优越的校园环境是武汉大学校舍建

---

①党委宣传部. 让优秀传统文化浸润珞珈：“礼敬中华优秀传统文化”活动掠影[EB/OL]. (2015-04-23)[2024-03-20]. http://news.whu.edu.cn/info/1002/43254.htm.

筑的必备条件。在多轮商议与实地考察后，珞珈山与狮子山一带被最终确定为新校址，该处环境优美宁静，适宜读书，且可以就地取材，即利用当地山石、泉水与湖水资源。在合理规划山势地形后，各项建筑依山而建，既可节省地基及石料的建筑费用，在免占耕地方面也显示出地理优势。

在校园整体布局方面，校园中心区有两条南北轴线和两条东西轴线相交会，形成两大建筑群，总体规划因山就势，利用东、南、北三面环山，西侧低洼的自然优势，将低洼地带设计为运动场，看台则依坡而筑①。整个校园设计遵循了"实用、坚固、经济、美观，融合中华民族传统式外形"的原则，以及"宏伟、坚牢、适用、不求华美"的建筑理念，完美体现了中国传统建筑文化中雄伟和庄重的美学法则。同时，结合西方先进的力学营造技术，校园呈现出自由的大格局与精致的盆景式雕琢的景象。此外，校园建筑不仅融入了依山势地貌而建的浑然天成之思想，而且在满足高等教育发展需求的功能分布方面作出表率。校园的建筑物根据各自功能的不同，被设计成放射状布局。散点构图的方式使建筑组群变化有序，互相构成对位和对景，极大地扩展了环境空间的层次感，创造出"轴线对称、主从有序、中央殿堂、四隅崇楼"的校园中心区景观②。另外，校园还因其依随山势，遵循了中国传统建筑步移景异的美学旨趣，成为当时最为成功的整体规划案例之一。武汉大学充分利用自身的山水优势，将校园规划与周围景观融合在一起，形成了独特的建筑管理模式。

在生态的文化管理方面，身为武汉大学新校筹备委员会委员的叶雅各先生非常重视校园环境的营造。这不仅是因为他自己就是一位林学家，更因武汉大学自身所蕴含的文化积淀。植物作为大学校园最为重要的组成部分，给进入该校园的人以润物无声的精神启迪和宁静祥和的精神陶冶，对传承文化、培育人才都有着难以言喻的积极影响。武汉大学依山傍水的地理和水文条件，为管理者在植被经营管理上创造了得天独厚的优越条件。鉴于珞珈山植物种类的多样性，管理者一方面需要综合考虑植物的生态习性和特征，对其进行合理布局；另一方面以更具本土特色的花卉和树木（如梅、兰、桂、竹、桃、樱、枫树等）体现

---

①吴贻谷. 武汉大学校史：1893—1993[M]. 武汉：武汉大学出版社，1993.

②朱钧珍. 中国近代园林史：上[M]. 北京：中国建筑工业出版社，2012.

我国文化的特征，增强民族认同感。这种文化管理理念体现了以校园实体进行育人的建筑文化管理理念，充分发扬了“寄教学于课堂之内，寓学习于环境之中”的大学教育功能。武汉大学通过园林绿化、建筑景观的着力塑造，将建筑文化中的历史底蕴和文化精髓对人的精神培育结合起来，以人在景中，情景交融的对话与体验作为修身养性、培养情操、升华道德情感、激发民族情感的重要手段。这无疑是我国近代大学建筑文化管理的杰出典范。

在武汉大学修建之初，设计师开尔斯便融合了建筑与园林绿化的设计理念。农学院院长叶雅各亲自负责规划，因地制宜，在附近的狮子山上栽种树木30多种。不仅如此，为了美化校园环境，学校内从云南、贵州、四川等省引进种苗栽种，外从美国、日本、英国等国选种木本及草本植物。这批植物奠定了武汉大学绿色校园的底蕴。如今，武汉大学拥有丰富的林业资源，植被覆盖率高且种类多样，珞珈山、狮子山、侧船山、半边山等山脉共同构成了一座天然的植物园。可以说，武汉大学建筑之雄伟与园林之多姿的共同作用赋予了其建筑文化独一无二的特色。得益于校园绿化，武汉大学校园在绿的树木、蓝的湖泊、红的樱花的三色映衬下，生态与人文共鸣，协奏出一曲现代校园的和谐乐章。如何将绿化、人文与科技三者统一，形成自足的生态文化圈，是武汉大学校园生态文化管理给我们的启示。

作为建筑文化的实体表现，武汉大学的文物性建筑一直是其引以为豪的瑰宝，它们赋予武汉大学建筑以文化底蕴。其中，图书馆、男生宿舍、宋卿体育馆、行政楼(原工学院主楼)、文理楼、半山十八栋、园艺小品等建筑都富含文化价值。

(1)图书馆。坐落于狮子山顶的武汉大学图书馆是校园内的标志性建筑。图书馆兼具中西方建筑文化的精髓，既有古典建筑中的雀替、额枋、瓦作、斗拱等中国元素，也有西方建筑技术中的钢桁架混合建造技术。图书馆在整体外形上呈现“工”字状，中央主体顶层设计为八边形，塔楼则采用了八角垂檐式和单檐双歇山式相结合的设计理念。在南屋角的隅石和北屋角的小塔之间，配以左右勾栏和中央双龙吻背的护栏设计，外观上呈现出围脊的视觉效果(见图5-1)。现全馆设资源建设中心、文献借阅中心、学术交流与服务中心、古籍保护中心、特藏中心、技术支持中心和工学分馆、信息科学分馆和医学分馆等六个中心和三个分馆。图书馆的文化理念中表达了中西一体的设计思想，建筑内敛而雄浑优美。肃穆、宏伟而不失灵巧的内部构造，使人进入馆前便能产生视觉冲击，从而激发严谨求实的学风精神。正是这份建筑气魄所带给人的震撼，使图书馆成为武汉大学的一处文化地标。

图 5-1　武汉大学图书馆

(2)男生宿舍。男生宿舍在建造之初，其中间的城楼就被置于与图书馆相同的中轴线上，该建筑于 1931 年建成，至今仍在使用。宿舍外形上酷似布达拉宫的琉璃瓦式建筑，其主体以花岗岩的灰色为主色调，给人以厚重古朴之感。宿舍入口处有三个圆形拱门配以门楼，拱门上有一座单檐歇山式亭楼以展示中国建筑文化的内涵(见图 5-2)。各层宿舍分别以《千字文》中的“天地玄黄，宇宙洪荒，日月盈昃，辰宿列张”命名，以展示中国思想文化的内涵，达到外在传统造型与内在传统文化的统一。正是这种耳濡目染、身可触之的建筑映像，使学生在学习和生活中潜意识地受到中国传统文化的熏陶，浸润于传统思想铸成的实体文化中。这正是建筑文化管理中对实体建筑外在造型与内在文化内涵相结合的生动诠释。

图 5－2　武汉大学男生宿舍

文化的魅力在于历经岁月的洗礼仍散发着经典的人文气息。从建校之初的拓荒精神到中西合璧的技术融合，武汉大学建筑文化的传承历经演变，时至今日，武大人在建筑文化管理中依然秉承着这一人文理念。如何将武汉大学建筑作为武汉这座城市的标志？如何将武汉大学建筑文化与当代建筑管理理念相契合？恰如中国文物学会原会长、故宫博物院原院长单霁翔在中国文物学会高校历史建筑专业委员会成立大会上所说的："大力宣传文化遗产保护理念，增强保护高校历史建筑的意识；摸清高校历史建筑家底，推动各级文物保护单位积极申报；充分发挥高校教学科研资源优势，整集保护和科研专业队伍的力量；努力搭建高校历史建筑保护的平台，致力各项工作的制度化、规范化。"①正是在对历史建筑高度重视的情况下，武汉大学对建筑文化的管理日益科学化，并充分利用高校科研资源优势，不断完善对建筑实体的保护与建筑文化价值的弘扬。

胡适先生曾经说过："雪艇诸人在几年之中造成这样一个大学，校址之佳，计划之大，风景之胜，均可谓全国高校所无。人说他们是'平地起楼台'，其实是

① 武汉大学报．中国文物学会高校历史建筑专业委员会成立[EB/OL]．(2014－06－29)[2024－05－04]．https://news.whu.edu.cn/info/1002/41319.htm? from=timeline&isappinstalled=0.

披荆榛，拓荒野，化荒郊为学府，其毅力真可佩服。看这种建设，使我们精神一振，使我们感觉中国事尚可为。”①此句可看作是对武汉大学校园之美的绝佳诠释。武汉大学之美不仅美在建筑的多彩、园林的多姿，更重要的是赋予二者内涵的文化感。文化是连接建筑与绿化的纽带，并赋予它们以历史的厚重感。如果说建筑是文化的载体，文化就是建筑的灵魂。当文化与建筑相得益彰，共同致力于文化传承时，一所大学的实体文化建筑与精神文化传承便自然而生，武汉大学的校园建筑文化正是这种实体文化与精神传承的绝佳诠释。通过对武汉大学建筑文化管理案例的研究，我们所得到的启示正如武汉大学校训“自强、弘毅、求是、拓新”所指出的：自强是中华民族的传统美德，自立图强方可奋发向上；弘毅意为抱负远大，坚强刚毅，有毅力则可任重道远；求是意为博学求知，努力探索规律；拓新意为开拓、创新，不断进取。在建筑文化管理中，实体建筑的塑造要以文化为底蕴，而支撑武汉大学建校之初奋进精神的正是这股“自强、弘毅、求是、拓新”的精神。

珞珈山的老建筑群是传承中华优秀传统文化的重要载体。这批建于20世纪30年代的老建筑带给学子们感性的文化熏陶。曾住在樱园老宅舍的同学感慨：“‘天地玄黄，宇宙洪荒’，每当踏上老宅的台阶，就会想起千字文。”

目前，这批中国大学中保存完整且面积较大的早期建筑群还在发挥着其原初设计的功能，体育馆、图书馆、实验室、教室、宿舍，一应俱全。师生徜徉其中，仿佛可以听见那遥远的呼唤。

第二节　清华大学建筑文化管理案例分析

清华大学校园的规划与其建校的历史背景密切相关。清华大学的起源最早可追溯至清朝末年设立的专供留美学生培训用的预备学校，即“游美肄业馆”。1928年，学校正式更名为清华大学，并一直秉持着“一种中国式的理想学校”的建校理念。在校园规划上，清华大学受到20世纪美国大学校园规划空间模式的影响，其中广为人知的是由美国建筑师墨菲在1914年制定的校园规划方案。从1915年开始建造至1921年左右完成，花费六年时间建成的著名的清

①胡适．胡适的留学日记手稿本[M]．上海：上海人民出版社，1939．

华园四大建筑(包含大礼堂、科学馆、图书馆和体育馆)便是这一时期在墨菲的主持下修建完成的。

在初期的规划中,清华大学内设两所学校:一个是为留美学生配置的八年制预备学校,另一个则是四年制综合大学。预备学校以大礼堂为中心,一院、二院、三院分列四周。其中,一院楼即清华学堂大楼,位于大礼堂左侧,是清华园中的标志性建筑之一。该楼采用德国古典建筑风格,青砖红瓦,坡顶陡起,分西部与东部两期建成。

与一院的德国古典建筑风格不同,近春园的规划则多采用中式风格。近春园原有南北两岛,1860 年英法联军入侵北京时两岛毁于战火,沦为荒岛。在清华园的规划中,设计师在岛中规划了中央图书馆,南端设置了校门和教工住宅区,北端则布局了礼堂和学生生活区。该规划保存了熙春园的古建筑与园林绿地,并以此将两个校园融为一体。它充分利用荒岛原有的自然环境,将曲折有致的大片水面融入大学校园的教学中心区,从而构成别具一格、富有自然山水情趣的教学环境。然而,其不足之处是学生的生活区偏于校园北部,进入生活区必经校园教学区。另外,大学教学区的道路布局采用直线方格状,与自然地形不够协调①。

创建之初,在清华建筑风格的规划过程中,无论是受到建筑师墨菲的美国大学建筑理念的规划影响,还是以一院为代表的德国古典建筑风格的体现,抑或在学科学制的培养机制方面,清华大学都深受西方思潮的影响。但是,正所谓"师夷长技以制夷",清华园的建筑也体现了以近春园为代表的中国古代建筑风格的独具匠心。中西结合而又风格鲜明,正是清华园创建过程中所体现的特点。

在中心规划方面,清华园以二校门(见图 5-3)、大礼堂(见图 5-4)、图书馆为南北轴线,以清华学堂、科学馆为东西轴线,形成纵横交错的标志性空间布局。特别是大礼堂前的草坪广场增添了几分中国庭院风格的娴雅趣味,为标轴点的设立带来青葱的人文气息。

---

①罗森.清华大学校园建筑规划沿革:1911—1981[J].新建筑,1984(4):4-16.

图 5－3　清华大学二校门

（资料来源：https://www.tsinghua.edu.cn/zjqh/xyfg.htm）

图 5－4　清华大学大礼堂

（资料来源：https://www.tsinghua.edu.cn/zjqh/xyfg.htm）

清华大学的二校门位于主干道清华路上，被认为是清华园内最具代表性的标志性建筑。二校门始建于 1909 年，是一座青砖白柱三拱牌坊式建筑，门楣上的“清华园”三个大字取自清末大学士那桐的手迹。

四大建筑的外在形态明显受到欧美新古典主义的影响，它们在建筑的气派和学院的意境方面实现了完美融合，给人一种永恒的岁月感。从视觉效果上看，透过二校门，首先映入眼帘的便是位于校园中心的大礼堂。其顶部的穹顶、作为门面的铜门，以及拾级而上的以汉白玉为材质的爱奥尼柱，都是典型的欧式建筑风格。在外观设计上，红砖与铜门的结合巧妙地展现了北京城特有的皇家气派，给人以鲜明的色彩对比感。

大礼堂前方是一片以草坪为主体的广场，其为(100×70)米的长方形空间，给人以开放、自由、独立的空间感。周围的建筑如一院均保持了两三层的高度，充分考虑了建筑技术以及采光和空间布局的需求，使建筑与广场之间形成紧凑的围合关系。在建筑的细部设计和材料美学方面，园艺小品、灯饰，以及大礼堂前旗杆底部的花岗岩都需精心设计，既要满足工程学的实用功能，又要符合审美的标准，让人文精神与设计功能相得益彰。

审视清华园的创建历程，其无疑受到西方建筑理念的影响，成为西方建筑风格与中国传统建筑样式在大学校园中早期融合的典范。从建筑史的角度审视，正如学者所指出的那样，到 20 世纪初，我国与外部世界的交流日益紧密，西方的资本、人才、技术及思想源源不绝，这股“欧风美雨”深刻影响了我国近代校园规划和建筑的面貌①。从建筑文化的角度审视，创建初期的清华园带给我们的启示是：现代大学校园的空间设计不仅要秉承中国古典建筑文化中顺应自然的设计布局，还要与西方追求学术自由的教育模式相结合。在室内设计中可以增添咖啡屋等温馨和适宜培养审美情趣的场所，以便提供小规模的交流场所，从而在灵活与自由中营造出动静相宜的社交环境。外在的庄严建筑和温馨的内部氛围也正形成了治学求知的理想场所。

总之，清华大学在校园规划上对西方现代大学规划理念的吸收与融合取得了显著成效。特别是在西方营造技术与皇城古都文化底蕴的结合方面，清华大学作为近现代中国首批由国外建筑设计师主导设计的大学校园之一，带给我们许多值得借鉴的经验。

第三节　厦门大学建筑文化管理案例分析

在中国近现代建筑史中，海派华侨建筑作为重要组成部分，其地位不容忽视。所谓华侨建筑，是指近代以来由华侨出资兴建，具有典型中西结合建筑风格的建筑形式。就地域分布而言，东南地区以福建、广东为主，华北地区以北京、天津为主。总体而言，以南洋风格为代表。华侨建筑具有独特的艺术风格

---

①刘亦师.清华大学校园的早期规划思想来源研究[C]//城市时代，协同规划：2013 中国城市规划年会论文集(08-城市规划历史与理论).北京：清华大学建筑学院，2013.

与地域文化特征。其中，集美大学、厦门大学、华侨大学等一批具有海派特色的大学的校园建筑最具特色，堪称大学校园建筑文化的代表。

厦门大学依山面海而建，具有得天独厚的自然条件，鲁迅先生称之为“背山面海，风景绝佳”。校园内有芙蓉湖、情人谷等景点，以及白城海滩等景观。厦门大学嘉庚风格的校园建筑始于20世纪20年代，经过岁月洗礼与不断修缮，现已形成群贤楼群、芙蓉楼群、建南楼群三大主体建筑群。嘉庚风格建筑是厦门大学校园的主体建筑风格，其是以著名爱国华侨领袖陈嘉庚先生所倡导的中西合璧建筑理念命名的。嘉庚风格建筑主要是对中国传统古代建筑与西方现代建筑技术的有机融合，在厦门地区乃至中国近代建筑史上占有重要地位。以风格发展为划分依据，嘉庚风格建筑可以分为南洋时期、乡土化时期、民族形式时期三个阶段。从技术层面上分析，嘉庚风格经历了从全面西方样式向富含闽南地域特色的建筑样式的转变，最终形成了中西合璧的既独特又新奇的建筑形态。这种风格以斜屋面、红瓦、拱门、圆柱、连廊及大台阶为基本特征，注重闽南式大屋顶与西式外廊建筑式样的巧妙结合①。在校园布局方面，嘉庚风格强调园林式建筑与所处的山水环境的融合，在强调单体建筑的同时又保持整体布局的严谨。这一理念在厦门大学的校园建筑中得到了完美体现，并逐渐形成了独具特色的建筑风格体系。

1922年底，作为学校首批标志性建筑的群贤楼群正式竣工。群贤楼群以映雪楼、集美楼、群贤楼、同安楼、囊萤楼为主体建筑。其中，映雪楼和囊萤楼作为三层学生宿舍，采用内廊式结构设计，墙体材料选择了花岗岩石，墙面则为木质配以红砖，八根西式圆形石柱更使整个建筑显得高端大气。集美楼和同安楼作为二层教学楼，虽墙体和墙面材料与囊萤楼相似，但一楼设计为拱形廊样式，二楼设计为方形廊样式。这五所建筑沿海岸线一字排开，甚为壮观，见证了厦门大学的往昔岁月。关于群贤楼群的命名，映雪与囊萤出自中国传统文化中晋代孙康利用雪的反光读书的故事，寄寓了不畏贫困、勤奋好学的精神；同安和集美两座楼则以地名同安区和集美区命名，寄寓了对家乡的深厚感情。相较有些大学为了拉赞助将教学楼命名权售予商业集团的做法，厦门大学在文化管理中坚持了对传统文化的传承、对校史的敬意以及对家乡的感情，这引发了我们深刻

①郑宏.厦门大学建筑文化简论[J].文化学刊，2008(2)：132-136.

的思考：如何通过有效的文化管理来影响人？如何通过文化管理对实体建筑产生影响？

在2001年新建成的嘉庚楼群成为嘉庚风格的标志性建筑，代表了厦门大学的当代风貌。嘉庚楼群遵循典型的"一主四从式"建筑布局，位于校园中央的演武场上，自南向北通过楼群的组合呈现出线性扩展的样貌以突显主体塔楼。主楼和从楼的位势错落，所谓"一主四从式"的构想在设计中以"一高四低"营造出视觉上的和谐。东侧楼群略呈弧形，与前方的中心广场和芙蓉湖形成对称之美，使得嘉庚楼群无论在气势上还是高度上都成为校园的标志性建筑群。芙蓉湖、中心广场与嘉庚楼群三者之间通过超过120平方米的大台阶衔接，从而自然融合为一个整体。在效果上，各建筑既保持有独立的空间风格，又可以通过台阶和长廊串联起来，形成一个完整的建筑群体，使得教学、休闲、人文、自然相得益彰。由此可以看出，主楼、湖泊、广场三者的串联以文化为主线，使教学、休闲、集聚的场所以一种静默而自然的方式连接起来。嘉庚楼群的成功在于精准把握了主从两种建筑实体风格，实现了错落有致、各自独立的完美布局。

芙蓉楼群由芙蓉一、芙蓉二、芙蓉三、芙蓉四以及博学楼五大建筑构成，着重突出了闽南建筑的元素，是厦门大学嘉庚风格建筑走向成熟的象征性建筑群（见图5-5）。芙蓉楼群于1923年建成时为学生宿舍，它以芙蓉湖为圆心，呈半环状布局。芙蓉一、芙蓉二、芙蓉三、芙蓉四为双角楼前廊式设计，其中芙蓉一和芙蓉四为三层建筑，芙蓉二和芙蓉三为四层建筑，楼群总体呈现出长条"山"字形布局。楼面为红色，墙体以红色清水砖砌成，配以绿色琉璃瓦的屋面，角楼皆为歇山顶造型。中式屋顶和西式屋身的结合是嘉庚风格的特色，也是中西结合的绝佳诠释。其中，芙蓉四的屋面采用双坡西式屋顶设计。博学楼在1923年建成，高三层，呈现出双角内廊式设计，其屋顶为双坡风格，建成时被作为教工宿舍，后于1953年改为厦门大学人类博物馆，至今仍是中国大陆唯一的一所人类学专科博物馆。该博物馆以展览藏品为主，同时定期举办学术型讲座。在博物馆的运营上，我们可以参考国外大学博物馆的成功经验。例如，博物馆可以举办各种主题的人类学领域的最新研究动态讲座，并效仿提供免费午餐等举措，以扩大受众的接受度。这种把博物馆作为教育教学场所的建筑文化管理方法，可以大大提高大学建筑教育和文化精神传承的功能。在国内高校纷纷建立具有各自特色的高校博物馆的同时，如何发挥建筑的教育功能和文化传播功能，以及如何使建筑与教育教学相结合，成为值得我们深入思考的重要问题。

图 5-5 厦门大学芙蓉楼群

（资料来源：https://zchqc.xmu.edu.cn/info/1251/9381.htm）

建南楼群位于校内的一处山冈上，顺地势呈半月形围合排列，建造于 20 世纪 50 年代，包括建南大礼堂、成义楼、成智楼、南安楼、南光楼等五所建筑（见图 5-6）。与嘉庚楼群相似，建南楼群也采用了“一主四从式”的建筑布局，其中主楼为建南大礼堂（见图 5-7），南光楼和成智楼在主楼的东侧，南安楼和成义楼在主楼的西侧。五栋主体建筑总体上呈弧形排开，面向大海。主体建筑建南大礼堂位于上弦场，其外观以白色墙面搭配绿色琉璃瓦面，两边为双坡屋顶设计，中间为中式古典重檐歇山顶，正面一层用四根爱奥尼柱支撑，四层高的外走廊设计让四周风光尽收眼底。建筑前部为四层门楼，后部则是大礼堂的主体。前后建筑层次分明，一字排开，显得庄严而古朴。在空间设计上，建南楼群追求开阔与大气，将代表中国传统建筑元素的重檐歇山顶和西方建筑元素的爱奥尼柱相结合，使文化管理做到了中西相融、以融通为本。此外，绿色琉璃瓦和白色墙面的选择与海面形成颜色对比，在视觉效果上以强弱色彩对比营造出令人愉悦的视觉效果，进一步体现了文化管理中以人为本的科学理念。

图 5-6　厦门大学建南楼群

（资料来源：https://zchqc.xmu.edu.cn/info/1251/9281.htm）

图 5-7　厦门大学建南大礼堂

（资料来源：https://zchqc.xmu.edu.cn/info/1251/9281.htm）

总之，厦门大学的嘉庚风格建筑形式在中国近现代建筑文化史上独树一帜。它依山而建、傍海而居，在充分发挥山水等自然风光优势的情况下，将南洋建筑中的玲珑细巧与中国传统建筑文化中的含蓄内敛以及西方建筑文化中的宏大气势完美融合，开创了建筑文化的新篇章。如何因时就势、因文创意，使多方文化资源相融而不同化，是厦门大学嘉庚风格建筑带给我们的宝贵启示。

第四节　云南民族大学建筑文化管理案例分析

云南民族大学前身为1951年8月1日创建的云南民族学院，于2003年4月更名为云南民族大学，是我国最早成立的民族高等院校之一。该校的雨花校区位于云南省昆明市呈贡区。云南省有25个世居少数民族，其丰富的民族文化和独特的民族建筑资源，为云南民族大学新校区的建设提供了得天独厚的文化土壤。

民族传统建筑是各少数民族在长期生活中形成的与当地自然环境和乡土风情和谐共生的文化结晶。建筑文化多以祖先崇拜、天神崇拜及火塘文化为主要内涵。建筑形式多以单一色调为主，以体现自然情趣之美。尤其是少数民族村寨的布局，既要考虑农耕放牧的生产便利又要满足舒适安全的人居需求。从建筑材料上讲，一方面受制于交通条件，另一方面与生活习俗相关，民族传统建筑多就地取材，以木、土、石等天然建材为主，各类建筑多以一字或十字形为面宽朝向。这种天然质朴的材质选择和尊重祖先、敬畏自然的文化理念相结合，对少数民族地区的建筑风格产生了深远的影响。例如，大理白族自治州的建筑多以白色墙面和灰色瓦房为主，而楚雄彝族自治州的建筑则以木楞房为特色，这些都是传统文化在当地建筑样式中留下深刻印记的例证。

基于此，云南民族大学雨花校区在规划建设之初，就确定了民族传统建筑文化内涵与高校现代营造技术相结合的方针，遵循“继承而不守旧，创新而不离宗”的原则。在具体实施上，一方面，将现代建筑技术与民族建筑风格相结合，创造出既具时代感又富地域特色的民族类大学校园建筑风格；另一方面，考虑绿色生态与居住空间的均衡设计，力求实现传统与现代的有机结合。

对第一个方面的实施，即将现代建筑技术与民族建筑风格相结合，设计者强调不应仅停留于外在形式的克隆，而应将民族建筑的空间布局、局部设计与校园建筑的整体规划巧妙融合。空间技术的设计要汲取具有各少数民族特点的民族符号与风格，并融入现代建筑理念，如通过民族风格的走廊连接各教学楼。

对第二个方面的实施，即绿色生态与居住空间的均衡设计，民族传统建筑多以村落式的空间模式呈现，既各自独立又统一为一个整体。借鉴这一点，大学校园建筑的整体布局以“聚落形态”来连接不同功能区域，既保留了现代建筑的空间体系优势，又模拟了村落文化的点线面特色。建筑技术上很好地解决了校园建筑、生活休闲区域与教学行政区域分布广散而不聚的问题。但更为重要的是，村落式建筑格局满足了民族地区广大学生对归乡情结的人本情感化认同需求。建筑文化管理最终还是要以人为本，落实到文化育人的目的上。根据人本需求层次理论，作为个体的人首先追求的是以心理情感需要为核心的生理需要，在此基础上是对安全需要与社会需要的追求。村落式建筑布局及其中蕴含的民族元素正好符合了归乡情结的情感化认同，使得学生在环境接受度上更容易融入校园大家庭。显然，归乡情结及民族元素与马斯洛需要层次论中的情感需要、自尊需要、自我实现需要三大需要相结合。以此为例，建筑文化管理不仅要注重技术性的安全营造，更应以人为本，将建筑视为承载学生情感活动的重要载体进行规划与设计。

在主体建筑方面，校区的主色调以红色和白色为主，配以具有民族特色的红色陶土瓦屋顶，屋顶为现代建筑中的勒脚和石柱贴面，雕刻有民族元素图案的木质饰品，营造出内部空间既古朴又现代的独特氛围（见图 5－8）。从建筑文化管理的角度分析，选取红、白、木质、勒脚等元素旨在呼应云南地区特有的红土地乡土情结，具有地域特色，而白色高尚素雅，是大学建筑的主原色之一。将红色与白色融合，加上具有民族元素的墙刻饰品，主体建筑的管理文化深刻体现了民族元素、视觉色彩、地域文化与大学建筑四者的完美融合，共同塑造出这所普通高等院校独特的民族建筑气质。

图 5-8 云南民族大学图书馆

(资料来源:https://bbs.kaoyan.com/t4274366p1)

此外,校区建筑还采用了简化的线条装饰,上搭四角红瓦屋檐,下面形成石制基座,中间以民族风格的廊阁相连,视觉效果敦厚而朴实。尤其是顶部的民族四角屋檐经过重组形成起翘的坡屋顶,达到墙翘多样、层次分明的效果。整个校园的空间布局错落有序,独立而不失一体,实现了民族文化与学习氛围的有机结合。

总之,云南民族大学雨花校区以其轻巧通透的建筑风格,展现了云南当地建筑的特色。这给我们的启示是,校园建筑应以地域文化和民族文化为基础,追求传统与现代的有机结合,将少数民族文化的精髓与大众审美情趣有机结合,展现出开放包容又独立成韵之美。文化管理的意义在于从众多现代化建筑材质中选取能够体现当地建筑特色、民族特色、地域风情特色的元素,使现代大众审美情趣与民族传统文化相结合,使材料质感、建筑造型与元素意蕴形成整体,塑造出现代化民族地区独具特色的建筑文化风貌。

第五节　民办高等院校建筑文化管理案例分析

一、吉利学院

吉利学院是经教育部正式批准设立的全日制民办普通本科高校，由世界500强企业吉利控股集团于1999年在北京创办，其前身为北京吉利大学。2014年4月，经教育部批准，该校升格为本科高校并更名为北京吉利学院。为积极响应国家疏解非首都核心功能的号召，学校主动申请由北京整体搬迁到成都办学。2020年3月，在教育部、北京市、四川省、成都市和北京大学的支持下，北京吉利学院整体搬迁至成都市东部新区并更名为吉利学院。

学校总占地面积超133万平方米，规划总建筑面积120万平方米。按照百年高校的建设目标，学校秉承人与建筑、自然和谐共生的理念，以规划建设数字化特色鲜明的创梦校园、"五元平衡"的温馨校园、共享互通的智慧校园、山水交融的生态校园为先进理念，运用人工智能、大数据、云计算、物联网等先进技术，致力于建设现代化、国际化、生态化的智美校园(见图5-9)。

图5-9　吉利学院

(资料来源：https://cd.guc.edu.cn/about/profile/)

校园文化之于一所高校，是其立校之本、发展之基，是一所高校文化长期积淀的精神给养。校园环境是培养文化氛围的重要条件之一。作为大学生学习、生活的地方，高校不仅具有技术性的使用功能，还承担着提升学生精神境界的重要使命。充满文化氛围的高校建筑给人一种精神感召力，对学生情操的陶冶起到重要作用。提起中国高校的校园，人们总会联想起宁静的湖面、翠绿的草地、悠长的林荫道以及穿梭其间的学子身影。显然，这些文化氛围的营造需要体现中国元素，巧妙融合中国传统文化符号与欧美文化精髓，避免简单模仿，力求创新与和谐并存。

二、西安外事学院

西安外事学院位于西安市高新技术产业开发区鱼化寨，校园建筑面积73万余平方米，学校以独具特色的大学文化为基石，努力铸就以“鱼化龙”精神为核心的外事特色大学文化①。中西合璧的建筑风格是该校的一大特色。校区内的欧式建筑专家公寓是三层别墅式建筑。作为独立设置的教工生活区，该建筑采用典型的欧式灰色斜屋顶和石面墙体，内置壁炉、酒柜等，尽显西方生活情调。与教学区高大恢宏的教学楼相比，公寓采用的白色石墙和藏青色屋顶的设计少了些温馨氛围。在整体规划方面，除了教学与公寓区域的划分，学校还特别规划了休闲文化区。休闲文化区以中国传统的六角亭与荷花池相配，旨在营造天人合一的宁静感。在文化管理方面，将“鱼化龙”的学校精神运用到建筑管理中是一大特色。鱼龙因水而化，鱼化湖是学校精神的物化，也是中国文化的建筑表达。西安外事学院湖景如图5-10所示。

总之，中西建筑各据校区一方，虽各有特色，但未能实现有效融合，从建筑文化管理的角度看，缺乏对外在形式以及内在文化表现力的整体把握。理想的校园建筑应该以文化为地基，通过风格的衔接构建和谐的园区环境。文化是各建筑风格间的黏合剂，而管理则是建筑精神的物化。只有深刻把握文化管理的精髓，才能使建筑形成辐射力，使文化成为凝聚人心的强大力量。

---

①西安外事学院党政办公室.学校概况[EB/OL].(2024-03-20)[2024-05-04].https://xxgk.xaiu.edu.cn/info/1027/1199.htm.

图 5－10　西安外事学院湖景

（资料来源：https://xaiu.jxjy.chaoxing.com/mh/picture/more?keyword=&typeid=6&pageNum=1）

第六节　我国高校建筑文化管理的问题与归因

在很长的一段历史时期内，我国高校实际上并没有清晰的建筑文化管理理念、方法和制度保障，其文化管理往往源自立校的初创者们对大学的理想和理念的融入，尤其是民国时期的大学更是如此。但是，随着现代大学规模的扩大和师生数量的倍增，当代高校因缺乏系统化的建筑文化管理而面临传统与现代的冲突以及文化管理制度建设的不足等问题。为切实提升我国建筑文化管理工作，深入的探讨与反思势在必行。

一、高校建筑文化管理的问题

1. 传统性与现代性在高校建筑文化管理中的矛盾与冲突

对于拥有悠久历史的传统大学而言，首要挑战在于如何传承其历史精神。不同时期建造的老建筑、历经岁月沉淀的老校园与旧景观的维护、利用、改建或重建策略的选择，成为建筑文化管理面临的首要问题。随着大学的持续发展，原有的校园基础设施逐渐难以满足学生的日常需求，旧有的管理模式和方式也显得与时代脱节。在快速建设与发展的进程中，一些低层老建筑因其实用性不足、旧园艺景观破败、遗址与墓葬损毁等问题，被不同程度拆除。以某大学为例，其理学院建筑是中国古典与拜占庭式建筑风格的完美融合，在修复过程中未能实现修旧如旧的目标。例如，屋顶树木未得到及时合理的修剪，从而对古建筑的安全构成威胁。此类问题在全国众多大学建筑的修复管理工作中都时有发生。

在学生数量急剧增长的背景下，由于管理方对中国传统文化的理解不够深入，如往往仅从现代思维中的过度实用主义、功能主义及二元对立视角出发，从而导致中国高校建筑文化管理陷入与传统人文主义精神及书院文脉延续之间的矛盾。例如，某大学工学部第一教学楼作为一座地面20层高的多功能综合性建筑，其强大的实用性无可置疑，能够同时满足教学、科研、图书借阅等多重需求，并容纳了城市学院、土木工程学院等多个重要院系。从实用空间、功能多样性及容纳能力来看，该建筑无疑是一项杰出的工程成就。然而，从人文视角审视，这座建筑在风格上却与周边的古典及仿古建筑稍显不协调，破坏了该校建筑文化的生态协调性。相比之下，苏州大学在苏州老城区的建筑则显得更为和谐，这在一定程度上得益于苏州市对老城区建筑物层高与整体风格的严格政策管控。

对于拥有悠久历史的老牌高校而言，其当代建筑文化管理面临的挑战，本质上在于传统性与现代性的碰撞与融合。我们既不能摒弃既有的历史精神，以免丧失自身的根源与积淀；也不能仅仅模仿历史的外貌，成为拙劣的仿古之作。正如梁思成先生所强调的，我们衷心希望，当代建筑师不应仅仅在形式上模仿古建筑，更应致力于发扬新时代的建筑精神，而非复制唐代、宋代或清代的建筑风貌①。换言之，建筑文化管理的核心在于既继承又创新校园文化，使文化以当代的精神风貌得以展现。中国真正意义上的大学起源于清末民初，这一时期的建筑深刻烙印着传统建筑文化。以大门设计为例，中国古典建筑尤为注重大门的营造，这背后蕴含着深厚的传统文化理念。大门的气派程度往往被视为家族命运的象征，故有“光耀门楣”之说。受此影响，历史悠久的高校亦十分讲究门楣的设计，如原燕京大学的校门采用三开朱漆宫门式样，风格古朴庄严，与颐和园东宫门有异曲同工之妙；再如河南大学的校门，其四柱三开间牌楼式建筑，

① 梁思成. 梁思成全集：第六卷[M]. 北京：中国建筑工业出版社，2001.

南北牌楼相连，重檐飞翘，尽显精美。在传统社会中，这些大门的高规格设计唯有达官显贵方能采用，象征着权威与财富。然而，时至今日，大学教育已从精英化走向大众化，不再是少数人的特权。因此，大学建筑文化管理面临着如何在创造新的历史精神与维护历史传统之间找到平衡的难题。关键在于如何辨别哪些传统文化元素在建筑中的体现与现代倡导的价值相悖，以及对于这部分建筑所承载的历史与场所精神应采取何种态度——是保护、有限保留还是拆除重建？这完全取决于建筑文化管理者对传统文化的理解和态度。显然，盲目推崇传统文化的一切信条并不可取。同样，一味追求推倒重建也忽视了当代文化的根基。因此，制定一套经过深思熟虑、广泛讨论的制度性建筑文化管理方案或条例已成为当务之急。

很多传统高校因大学生人数的急剧增长，原有的校区已难以满足师生日益增长的教学需求。为此，它们采取了搬迁与新建校园的策略以优化教学硬件环境。此举一方面旨在保护老校区珍贵的历史风貌，另一方面则为了拓展学校的发展空间。从实用与功利的视角审视，高校新校区的建设与管理工作旨在降低学校运营成本、提升师生生活质量、促进科学研究便利，并期望借此扩大招生规模与吸引更多优秀人才。中国传统文化深植于建筑之中，强调以人为本的设计理念及每座建筑独特的场所精神。海德格尔指出，营建即定居，并在其中获得场所。定居的诗意创造本质上亦是一种营建①。这种诗意创造的核心在于追求建筑与人、自然之间的和谐共生。因此，传统的中国大学建筑常展现出“虽由人作，宛自天开”(如武汉大学)；“巧于因借，精在体宜”(如燕京大学)；“移步换景，曲径通幽”(如华中农业大学)及“虚实相生，动静相宜”等美学特征。然而，现代型大学追求轴线清晰、功能区集中、布局规则且整齐划一，力求将效率最大化，其特点在于重视效率、实用性、标准化及统一化。随着众多有实力的传统高校向国际化大学目标迈进，现代化与国际化的思维模式不仅在科研领域，更在建筑文化管理等各个层面占据了主导地位。这种转变导致新校区在建筑文化管理上的理念不可避免地与传统文化理念产生了矛盾与冲突。

老校区以其深厚的历史底蕴和浓郁的文化氛围著称，每一座校园建筑景观都彰显着其独特的文脉与历史精神。然而，受限于建筑物老旧、楼层低矮、现代

①海德格尔.海德格尔存在哲学[M].孙周兴，译.北京：九州出版社，2004.

化基础设施匮乏及承载能力有限，大学生在校园内的生活受到了一定影响。相比之下，新校园则以完善的基础设施、合理的区域规划及低廉的生活成本为优势，但缺乏与老校区相媲美的文化氛围和历史性建筑，加之周边环境的荒凉，让人不禁有置身文化荒漠之感。新老校区之间的这种差异实质上反映了传统性与现代性之间的内在冲突，尤其是在建筑文化管理层面。新校区建设面临的难题在于：如何在构建全新校区的同时，有效继承并连接老校区的文脉，既保持与老校区文化的和谐统一，又赋予新校区独有的特征，以增强师生对学校的整体认同感和归属感，形成强大的向心力，确保新老校区校园文化拥有一个统一的灵魂①。从本质上讲，我们无法彻底割裂与过去的联系，因为文化在传承中发展，同时也不断地打破旧有传统，建立新的传统②。在新的大学校园文化管理背景下，新校区应既延续传统精髓又展现自身特色与场所精神，避免简单复制老校区的管理模式，同时也不应盲目追求现代性与工业化而忽略了对文脉的尊重与传承。因此，我们需在继承中创新，将优良传统与文化精神融入新校区建筑文化的创造之中，使其既具有时代感又与老校区一脉相承。校园内的单体建筑应与学校整体格局、风格及其他建筑环境相协调，这种协调不仅是形式上的统一，更是通过新旧、中西、材料色彩、风格等多方面的对比，实现现代性与传统性的融合与统一，从而增强校园文化的向心力，让新老校区在对比中展现出和谐共生的美好图景。

2.现代高校建筑文化管理中的建筑风格与空间营造同质化

现代性思维的核心在于科学主义引领下的标准化进程，因为遵循标准化生产原则能够显著提高效率，进而最大化资本效益。工业区的厂房建筑之所以整齐划一，正是为了提高工人的劳动生产率，实现效益最大化。然而，这种思维模式在建筑文化管理上的直接后果便是同质化现象的泛滥。

标准化的优势在于能够节省成本、提升效能。通过采用统一材料、固定化流程和标准化的建造方式，建筑物的设计、建设、管理等成本得以降低，工期也相应缩短。在高校发展不均衡的背景下，非“双一流”院校或民办高等院校的资

---

①王艳平，邱正阳，刘菊梅，等.高校新校区校园文化现状及建设对策研究[J].重庆科技学院学报(社会科学版)，2009(6)：168-169.

②王邦虎.校园文化论[M].北京：人民教育出版社，2000.

金投入相对有限。因此，成本最优原则成为这些资金不充裕的高校在进行建筑文化管理时的首选策略。此外，由于扩招导致大学生人数快速增长，许多高校为了迅速吸纳更多学生，加快了建设速度，却严重忽视了在设计、建设、管理中融入人文思想。它们以牺牲历史创造和场所精神为代价，追求高效率，导致新建大学校园建筑成为某种固定模式的模仿。这一现象不仅体现在不同高校之间的建筑风格同质化上，就连同一所高校内部的不同校园建筑和空间也出现了明显的同质化倾向。

除了现代性特征所导致的校园建筑文化管理同质化问题外，由于我国建筑事业仍处于相对初级的阶段，部分致力于彰显中国传统建筑风格的建筑师和管理者对中国文化缺乏足够深刻的领悟与理解，他们在校园建筑风格塑造与文化空间营造中，难以真正融入中华文化和地方特色，使得建筑缺失了那份独特的场所精神。这一现状进一步导致当代高校建筑文化管理在建筑形象设计、文化意象表达、建筑空间布局以及技术选择等方面均展现出强烈的相似性。以某大学为例，其建筑文化管理从设计规划之初便显现出同质化的端倪。尽管校区坐拥依山傍水的自然美景，环境得天独厚，但校园建筑除在色调上（以灰色和红色为主）隐约呼应老校区的经典色调外，所营造的空间氛围却未能有效传承该大学的主体精神，实质上既未实现对其场所精神的传承，也未能在此基础上进行创新。这种现象使得新校区与其他新建大学校园在风貌上显得颇为雷同，同质化问题较为突出。荷兰建筑学家琳达・弗拉森罗德（Linda Vlassenrood）曾指出，中国建筑究竟有多“中国”？这体现在设计师对繁复色彩与不必要装饰的共同排斥上，但同时也体现出对竹子、木材、灰色岩石、混凝土及金属等低成本材料的频繁使用，且这些尝试多集中在别墅、画廊、博物馆等小型设计项目，至于在更大规模的建筑任务与城市建设中的探索，则尚未迈出实质性步伐①。

导致校园建筑文化管理同质化现象的主要原因包括：建筑文化管理者对中华文化的理解不够深入，因而在校园规划、设计及主体理念确立时缺乏丰富的文化意象支撑；建筑文化管理者热衷现代主义手法与管理理念，忽视了对传统元素的创造性融合；建筑文化管理者缺乏人本主义精神，未将校园建筑和空间

---

①弗拉森罗德，施辉业. 超越“中国当代”展：如何使中国建筑师与荷兰建筑师互相借鉴[J]. 时代建筑，2006(5)：134－138.

视为生动的有机体，而是采取机械化的管理方式；建筑文化管理者对地方或区域文化特色的把握不足，难以有效运用现代技术传达独特的场所精神。这些因素共同导致了许多大学新校区在规划、建设和管理上趋于雷同，进而陷入文化管理的困境。在现代性话语的强势背景下，由于集体无意识的影响，人们难以从根本上突破这一同质化的现实。正如日本著名建筑师安藤忠雄所言，将开放的、普世的现代主义语汇和技术融入具有个性与地域差异的环境中是巨大的挑战①。

美国建筑评论家肯尼斯·弗兰姆普敦(Kenneth Frampton)将建筑物划分为技术性物体(technological object)、构造性物体(tectonic object)和布景式物体(scenographic object)三类②。其中，构造性物体蕴含了“结构—技术性”与“结构—象征性”的双重特性，既注重建造也强调诠释。构造之术是平衡本体性与再现性的艺术，它关注的不仅是建筑物和空间的物质存在，更涵盖了场所、技艺、材料以及生活方式等多重维度，体现了传统文化中天人合一、礼乐相成、寄情山水的场所精神。因此，在建筑文化管理中，若不能做到因地制宜、因势利导，顺应自然与文化的变迁，就容易陷入技术性或华而不实的布景式构造之中。过度追求建筑形式的新颖与高大，以琼楼玉宇式的规模与高度作为视觉冲击力的源泉而忽视建筑空间的适应性、实用性，以及校园文化的地域性和教育特色，实质上也是同质化的一种极端表现。这是管理者在试图摆脱同质化困境时，因片面追求形式上的多样化而步入的另一个误区。因此，在建筑文化管理中，管理者应平衡创新与传承，注重文化内涵与地方特色的融合，以实现真正的多样化和个性化。

3.现代高校建筑管理与教育主体之间的矛盾突出

通常而言，因功能与需求各异，公共建筑、文化地标建筑及商业性建筑的建筑风格、空间布局及艺术表现形式均有所不同。公共建筑侧重于实用性；地标性建筑则主要彰显地方文化特色；而商业性建筑则偏重于宣传效果，特别强调视觉冲击力，追求标新立异。至于校园建筑，其核心在于教育，旨在记录和反映

---

①王建国，张彤.安藤忠雄[M].北京：中国建筑工业出版社，1999.

②弗兰姆普敦.现代建筑：一部批判的历史[M].张钦楠，译.北京：生活·读书·新知三联书店，2003.

本校、本地区乃至本国的文化精神、思想理念及传统观念，这些元素通过自然环境、建筑物设计、雕塑艺术、标语及周围空间布局等物化形式展现大学的教育思想和办学理念。建筑文化管理的核心在于与作为主体的大学生进行互动，将建筑所蕴含的精神内涵与高等教育理念融入学生的人格塑造与思维方式之中。因此，大学既非单纯的公共空间，也非单纯生产知识的工厂，而是以学生全面发展为中心，以教化育人为根本目的的教育场所。换言之，在大学建筑文化管理的实践中，任何唯科学主义、机械主义或极端个体主义的思维导向及实施策略都可能引发与教育主体之间的深刻矛盾与冲突。

现代化的基础就是科学，而科学主义则是以主客二元、物我分离的对象化思维方式作为认知世界的核心途径，其知识体系展现出客观性(objectivity)、普遍性(universality)和中立性(neutrality)三大基本特征①。在这样的背景下，建筑管理方式趋向功能化、模块化、人工化、制度化和逻辑化，这些方式往往仅专注建筑实体与空间的构造、维护与管理，忽略了建筑物与人的知觉、情感及日常生活所需场所精神之间的深刻联系。作为人类理性的结晶，科学知识体现了逻各斯中心主义的精髓，其主客二分的思维方式将人类及一切相关存在视为可观察的对象。因此，观察与实验成为科学知识探索的起点与传播的关键路径。然而，大学生作为教育的主体，是活生生的、充满感知与情感体验的个体，他们通过身体的感知、道德情感及生命体验来理解和把握世界。在逻辑抽象之前，人首先通过直觉与体验认为世界是一个充满意义的空间与环境。正如莫里斯·梅洛-庞蒂所言："(主体)在进行反省之前，世界就已经作为一种不可剥夺的呈现，始终'已经存在'，所有的反省努力都在重新找回这种与世界的自然联系。"②主体是富有生命与意义的，生活在具体而生动的世界中的人。海德格尔将人的境遇表述为"在世界之中存在"(in－der－Welt－sein)③。相较之下，科学实验倾向于将主体从具体的生活情境中抽离，置于近乎纯粹的特殊条件下进行直接观察，从而构建出一套高度人工化的逻各斯语言体系。这种语言体系脱离了生活本身，排斥情感因素，成为抽象且脱离实际的存在表达，并将主体的不

---

①石中英.知识转型与教育改革[M].北京:教育科学出版社,2001.

②梅洛-庞蒂.知觉现象学[M].姜志辉,译.北京:商务印书馆,2001.

③海德格尔.存在与时间:修订译本[M].陈嘉映,王庆节,译.北京:生活·读书·新知三联书店,2012.

确定性、多元性和丰富性简化为一系列公式与概念。

唯科学主义在建筑管理中的应用体现为通过一系列模式化、制度化的手段，要求作为管理对象的大学师生遵循所谓客观理性的规则，力求排除情感对理性的潜在干扰，以独立于个人知觉与情感的实体为标准，通过可检验、可量化的方式实现管理的规范化。这种管理方式看似提高了效率与可操作性，减少了人为因素的干扰，但从本质上讲，科学化的制度依然是一种知识的陈述，它源自人在具体经验生活背景下，通过感知与情感体验作出的表达。这意味着任何科学化的管理制度都无法完全剥离制定者的意识形态、价值观念、性别和种族背景等主观因素。换句话说，科学的客观性与中立性并非通过简单的条款化与律令化制度就能实现。制度终究是人的产物，不存在绝对"价值中立"或"文化无涉"的科学管理制度。因此，作为人为构建的话语体系，现代建筑文化管理的各项制度不可避免地受到制定者经验能力、性别、民族及意识形态等多重因素的影响。当建筑文化管理这种本应灵活的软管理方式被唯科学主义化后，它可能沦为少数人以自身有限视角制定的教条，从而与大学师生作为生动个体在日常生活实践中的多样性和灵活性产生冲突。

众多学校的校史馆、博物馆及纪念馆等富含文化传承与历史价值的场所，虽已对大学师生开放，但往往伴随着诸多限制性条款，如优先向团体开放而非个人，以及藏品展示受复杂规定所限，从而导致渴望通过这些场所获得熏陶与教育的学生难以充分受益。此外，不少校园内仍可见到措辞生硬的标语，如"禁止践踏草坪""严禁吸烟""禁止垂钓""请勿喧哗"等，这些带有强制性语气的标识忽略了语言的温度。学校管理方为维护校园环境而制定规则、设置标语，其初衷值得肯定，但不应单纯以节约成本和管理便捷为由，忽视学生的主体地位。相反，学校应加强入学前的导向教育，组织新生游览校园、参观重要建筑、学习校史等，使学生从一开始就能与校园环境建立情感联结，产生归属感。入学后，学校更应充分挖掘建筑物蕴含的文化内涵，开设相关历史及文化课程，丰富学生的学习体验。有条件的高校可尝试将课堂延伸至博物馆、艺术馆乃至茶座等场所，通过软性的文化管理方式营造更为浓厚的学习氛围。然而，目前我国高校在这一方面的实践尚显不足，管理方过度依赖禁令与说明书式的指导，限制了学生与周围环境的积极互动，从而加剧了建筑文化管理与教育主体之间的矛盾。因此，高校应积极探索更加人性化和高效的管理策略，促进建筑文化与教育教学的深度融合。

科学的核心含义之一就是分科之学，即知识教育上的分科化与专业化。专业化教育作为现代教育的显著特征，其萌芽可追溯至20世纪初。分科化教育将人的整体性拆解为数学、生理学、化学、社会学、心理学等多个维度，各学科在话语构建、规范制定及逻辑演绎中逐渐形成了自我完善、相对封闭且拥有共同概念术语与研究规范的体系①。这一过程导致世界及其构成元素被细分，知识领域各自为营，进而促进了产业、职业及劳动力市场的精细化分工。当代中国大学的建筑文化管理实则是在科学主义背景下，将建筑学、人文学(包括心理学、社会学、人类学等)与管理学三者相分离的结果。这种分离将原本紧密相连的"人—建筑—环境—人"这一整体割裂，造成建筑与人、环境与人、人与人之间的对立，使得建筑物和环境均失去了人性温度，人也被视为纯粹的外部存在，矛盾与冲突由此而生。

"建筑—人—环境"的融合与统一需通过两个层次实现：首先是知觉层面。人们运用视觉、听觉、嗅觉、触觉、味觉等感官全方位地感知并体验建筑空间与环境，身体成为连接这些外部客观事物的媒介，使它们以主观化的方式融入个体的感知世界。其次是行为层面。在建筑空间的人际交往中，若场所设计满足人的实用与心理需求，便能带来愉悦感。无论在哪个层面，建筑、人与环境都会相互依存和相互影响。人们能从建筑空间与环境中感受到被重视，体会到建筑历史与文化精神的传承，进而激发各种情绪反应，这一过程正是建筑历史与文化精神内化为个体体验与认知的体现。

科学主义倾向的建筑文化管理常易受到规则、逻辑、概念和形式的束缚，忽视人的主体性，从而忽略了校园建筑文脉的延续。当前，不少大学的建筑文化管理者将校园建筑视为孤立的物体，缺乏对其主体性及周围环境和文化背景的整体考量，从而导致建筑少了与师生对话的活力，逐渐失去生命力。重视文脉意味着要深切关注主体与环境、主体与建筑之间的和谐共生，强调建筑的历史文化背景与内涵，并从主体性的视角出发，利用身体知觉来塑造建筑空间及其周边环境。这既要求通过建筑这一具有时空延展性的实体来展现时间与空间的交织，也需重视环境的主体化，使建筑及其空间成为主体历史记忆的记录与

---

①石中英.知识转型与教育改革[M].北京：教育科学出版社，2001.

传承载体。文脉主义的主体性在本质上与科学主义的文化中立性存在深刻的内在矛盾。文脉主义洋溢着对人性的关怀，而科学主义则倾向于排斥感性世界，即前者颂扬具有感性和情绪的主体，后者则排斥非理性。

大学的发展是传承文化、凝聚精神的过程，既需继承也需创新，既需积累也需开创。因此，尊重并珍视自身文脉是大学实现创新发展的前提，这亦是高等教育文化性的核心所在。大学是人们通过富有意义的活动构建和重塑精神世界的场所。建筑所承载的文脉作为人文精神的组成部分，是充满生机与活力的。作为校园环境不可或缺的一部分，大学校园中的每一座建筑的生命力都源自日常与主体不经意的互动与关联。因此，若建筑文化管理忽视了主体的核心地位，就等同于剥夺了大学校园建筑的生命力和历史意义。

4.高校建筑文化管理的模式问题与改革滞后

长期以来，我国高校主要采用制度化管理的方式。制度化管理以其高效、量化可行、便于评价的特点著称，通常表现为回顾性与规约性相结合的管理模式。它通过将师生行为量化作为评价依据，将日常行为规范作为可观察指标，强调活动的规范化、标准化和程序化，展现出一定的强制性、非情感性或刚性特征。制度化管理方式体现了法与理相结合的管理理念，旨在提升管理效率、降低成本，促进学校工作的有序进行。通过量化目标、明确责任归属，高校能够有效提升工作效率，确保公平公正。因此，高校在建筑管理上普遍采用制度化方式，依据具体规章制度规划、设计和装饰校园建筑空间及其周边环境，旨在保护建筑物内外免受人为破坏，并维护和修复其自然损耗。在设计与建设阶段，管理方通过制度化手段约束校园设计者与建设方，以确保建设成本与效率的平衡；在日常管理阶段，管理方则将明确的行为规范标示于醒目位置，以预防不当行为，并通过具体条款设定惩罚措施，根据情节轻重对破坏行为进行处罚，以此震慑违规行为者。

然而，这种看似高度科学的管理方式的纯粹刚性缺乏必要的人文关怀与感性融入的内驱力①。对于拥有强烈主体意识和自尊意识的大学师生而言，仅依赖条令与法令的监控，虽能维持低成本高效率的管理，却易导致机械性反应，削弱师生对校园建筑的归属感，抑制其主动性和积极性，甚至可能引发对管理制

①孙世杰.学校管理的新视角：从制度到文化[J].当代教育科学，2007(14)：34－37.

度的反感与抵触情绪，进而将人与建筑置于对立面，割裂两者间的紧密联系，最终不利于建筑文化管理的可持续发展。同时，这也可能在教学与学习环境中造成疏离感，深远地影响师生对知识与真理的追求。对学校自身发展而言，这无疑形成了一种恶性循环。因此，过分侧重制度化管理的建筑文化管理方式既不利于大学实现其教书育人的核心使命，也不利于大学生的全面发展。

从我国当前的建筑文化管理现状审视，我国大学建筑文化管理明显偏向于制度化。诚然，制度化管理在显著提升学校建筑管理水平及短期内提高管理效率方面功不可没，特别是在可量化、可观测的校园设施和建筑本体管理上，其优势尤为突出，能够迅速且高效地达成既定目标①。然而，部分大学过于依赖制度科学的管理效能，为节约管理成本和精简人力资源，试图以制度的力量解决所有建筑文化管理方面的难题，将制度建设置于建筑管理工作的核心地位。这些大学从校园规划、建设、营造到日常维护均制定了详尽的条例、实施程序和考核机制。一方面，通过硬性条款束缚设计者的创意与规划者的思路，以降低成本，追求极致的集约效应；另一方面，在建成后的管理过程中，管理方对校园空间内的师生行为也制定了详尽的规则、程序和监控机制，力求所有与校园建筑及环境相关的人员行为均有章可循。这种做法在很大程度上限制了大学师生的主体性和自尊感，影响了他们自我发展、自我表达乃至自我思考的空间，使这些空间被过度对象化。大学建筑文化管理的本质应当是弘扬人的本质精神，记录与传承历史精神，培育场所精神，促进大学师生在知识、思维、道德、审美及生命情感等方面的全面发展。而刚性的制度化管理方式则倾向于采用标准化的生产方式，打造出规格化的产品，这体现了典型的工具理性思维。这种思维模式容易导致人们盲目追求效率与成本的最优化，而忽视人本身的意义与价值生成过程。若以此思维主导高等教育场所的文化管理，将难以在人文教育层面取得理想成效。过度的制度性约束会使教育活动变得被动，损害人的自由、创造力及灵动个性，进而深远地影响大学的发展潜力与活力。

与国内高校相比，国外大学，尤其是历史悠久的名校，在建筑物文化管理模式上更倾向于柔性管理，它们将以人为本作为校园建筑空间管理的核心理念，深入实践人本主义管理模式。事实上，人本主义管理模式已成为世界知名大学

---

① 车丽娜，韩登亮．学校制度的规约与教师文化发展[J]．中国教育学刊，2007(8)：30－33．

在建筑文化管理领域改革与发展的主流趋势。然而，我国在这一领域仍主要停留在理论探讨和小范围尝试阶段，建筑管理与文化管理尚未真正融合成一种人本主义管理模式，也未能广泛应用于实际管理工作中。建筑文化管理的核心理念在于通过软性文化的引导，激发个体内在的文化自觉、道德自律及生命情感，强调在场所精神中认同人的价值理性，弘扬人的主体意识和主动性，即通过唤醒人的自我意识，促使个体实现自我存在价值的觉醒。但我国高校在这一领域面临着以下现状。

首先，由于我国高校长期实行制度化管理，特别是中华人民共和国成立后受苏联式管理模式和工业化思维的影响，人们已对制度产生了深刻的依赖与崇拜，习惯了在规则约束下行动。因此，当要求直接过渡到一种基于文化引导的人本主义管理方式时，具有自主欲望的个体确实需要经历一段较长的适应过程。这正是建筑文化管理改革推进缓慢的直接原因。

其次，建筑文化管理深深植根于学校自身的历史与文化积淀之中，离不开杰出人物的贡献。从表面上看，建筑文化管理仅是空间的建设与维护，但实质上，每个可感知的空间都承载着人的精神。伟大的人物代表伟大的场所精神，而这种精神又反过来潜移默化地塑造着在其中活动的人们。大学的发展是一个积累的过程，其中形成的独特空间布局、建筑特色、内部构造、装饰风格、校园自然环境以及随季节变换的风景，都在学校的发展过程中逐渐积淀，汇聚成独特的场所精神。因此，对于缺乏文化底蕴和历史积淀的年轻高校而言，推行建筑文化管理模式尤为困难。同时，部分高校因思维模式僵化，未能根据自身的历史和文化特点探索适合的文化管理路径，而是盲目模仿其他高校，结果非但不符合本校实际，反而导致师生认同感缺失，破坏了环境与人的和谐共生，使得建筑文化管理的改革之路举步维艰。

然后，真正践行人本主义精神的建筑文化管理需要较高的成本投入，且短期内可能难以显现显著成效。我国高校间资金分配不均，许多高校面临资金短缺的问题，难以全面按照文化管理的模式进行高效管理。例如，西北地区的有些大学历史悠久，与北京大学、清华大学同期并辉，但受地理位置等因素影响，其长期资金紧张，甚至出现人才流失的现象。这制约了该地区大学文脉的传承与发展，使得其建筑文化管理工作难以充分展现学校深厚的历史文化底蕴，师生在校园中也难以直观感受到这份精神的力量。此外，大师的匮乏也是制约建筑文化管理改革深入发展的关键因素之一。

最后，自 1999 年高校大规模扩招以来，众多新兴院校迅速崛起，大规模兴建新校区、推进大学合并、兴办二级学院成为中国高等教育事业快速发展的主要特征。在新校区的建设过程中，若未能充分发挥建筑文化管理的人本主义作用，坚持文脉传承，并与自然环境和谐共生，便可能导致校园建筑文脉的断裂，并与老校区所承载的场所精神大相径庭。这相当于创建了一个缺乏历史底蕴的新空间，从而对大学的历史文化传承及教育教学的长远发展产生了深远影响。同时，大规模扩招后，将不同文化底蕴的各个大学进行合并的现象也屡见不鲜。盲目无序的合并不仅未能有效继承和发展各大学的人文精神，反而使建筑文化管理工作难以统一推进。不同文化底蕴的强行融合打断了大学人文精神传承的连续性和一贯性，为建筑文化管理的改革带来了严峻挑战。以某些著名大学命名的二级学院实则往往未能很好地继承母体大学的文脉，更谈不上继承其建筑场所精神。在校园规划、建筑风格、空间设计理念及环境营造等方面，这些二级学院与挂靠的大学存在显著差异，既缺乏挂靠大学的历史与文化积淀，又难以在光环下独立营造自身的文化精神，从而导致建筑文化管理改革陷入停滞。

高校建筑文化管理的核心在于对校园空间、建筑物及园艺等从设计、营造到维护的全过程进行柔性的人文关怀，旨在培养人、塑造人、发展人，并营造具有独特韵味的场所精神。通过管理建筑，我们将个体发展与大学整体发展紧密相连，在具体空间场所中凝聚成共同的物化存在，为后来者奠定理念、精神、意志、品格、习惯及态度的基础，并为大学文脉注入文化基因①。因此，当前建筑文化管理面临的根本问题并非是否应废除制度化管理，而是管理者理念僵化，思维保守，缺乏人本主义精神和远见卓识。要达到像世界名校那般，将教育教学场所融入纪念馆、博物馆、图书馆及人文咖啡厅等富含历史文化精神的建筑之中，我们仍需经历漫长的设施建设与理念革新之路。但面对挑战，我们不应退缩，而应锐意进取，致力于营造具有自身特色的建筑文化管理精神。

---

①蒋文宁. 文化管理：学校管理新理念探析[J]. 教学与管理，2006(33)：13－15.

二、高校建筑文化管理问题的归因

影响我国建筑文化管理改革与发展的因素众多，但主要可归结为时间性和主体性两大维度。时间性因素又可细分为历时性因素与共时性因素：历时性因素指的是与建筑文化管理紧密相连的历史背景及文化变迁过程；而共时性因素则关注传统精神与文化如何持续影响当前的思维模式。主体性因素则包括了个体主体的特殊性（如大学生、高校教师等具体角色）以及普遍主体的主体间性（如教育主体与管理主体之间的相互作用）。基于上述分析，我们可以从历史选择、文化传统、思维方式以及教育模式等多个角度对建筑文化管理当前面临的问题进行深入的横向与纵向剖析。

1. 历史选择因素

从时间维度来看，我们应从近代中国屈辱的历史与救亡图存的启蒙史开始分析。真正意义上的大学正是在中国被迫踏上近代化道路，融入全球资本市场的大背景下诞生的。诚然，中国的大学与古代书院之间存在着一定的文化传承，如北京大学早期仍保留有经、史、子、集等书院式学科，同时物理、化学等学科也采用了具有中国特色的格致科命名。然而，书院与近代大学之间的根本区别在于它们分别植根于农业文明与工业文明。最初的近代大学由于与传统文化的时间与思维跨度相对较小，加之当时许多著名大学的校长秉持着思想自由、兼容并包的办学精神，即便是如清华大学这样受西式风范影响的学府，也在很大程度上传承了古代的文化气质和场所精神。在这种背景下，西方的建筑文化管理思想与中国传统文化相融合，孕育出最初和谐的中西合璧的文化管理模式。然而，遗憾的是，这种尚未形成传统和制度的建筑文化管理理念很快便在战乱与政治动荡中消逝。

中华人民共和国成立后，国家百废待兴。面对积贫积弱的局面，连续不断的思潮与运动使得我国的建筑文化管理逐渐转向工业化模式的制度性管理。在这一时期，人本主义的管理思想不得不为国家快速推进工业化建设的目标让步。这一影响深远持续至改革开放后的很长一段时间，大学管理者长期习惯了制度化管理思维，难以再继承民国时期大学建筑文化管理所蕴含的人文情怀与历史精神。

2. 文化传统因素

文化管理是一种介于制度化、规格化管理与人治之间的管理方法，它在执行规范与法则的过程中，融入人的经验性和情感性元素，通过一套蕴含人本精神且完备的柔性制度实现有章可循的人性化管理。在知名大学的建筑文化管理中，人本情怀被巧妙地融入日常生活的每一个细节之中，管理者对建筑物外观、内饰、光影、空间布局、材质的选择与营造均力求完美，以使师生的生活与建筑所承载的历史人文精神紧密相连，让整个校园的建筑、园艺都能传达出大学独特的教育理念与人本情怀。置身于此环境中的人们会不由自主地受到场所精神的感染，潜移默化地接受隐性规范的管理。实现这一效应的主要建筑文化管理方法就是通过营造崇高的精神氛围与建造富有感染力的建筑，使人在其中能够深刻感受到人类精神的崇高与生命的丰富情感，进而达成教育育人、成人、塑造人的目标。

虽然中国传统文化中不乏建筑与天、人、景、时和谐共生的人文精神，以及充满地方特色的建筑场所精神，但正如老子所言“为者败之，执者失之”，传统文化的悠久历史和深厚积淀也导致社会长期形成固有的运转模式，缺乏现代制度管理的思维。在儒家宗法礼仪为主导的社会结构中，人与人之间的连接更多依赖于血缘和类血缘关系。在这种背景下，国人的管理模式和思维方式更倾向于人际关系学，缺乏对公共意识的重视以及与圈外人(即不在血缘或类血缘关系网中的陌生人或他者)的合作。因此，在高校建筑文化管理的实践中，人治往往凌驾于人文管理之上，这不仅加剧了管理者与教育主体之间的矛盾，强化了各高校建筑管理模式的同质化现象，还严重阻碍了建筑文化管理改革的进程。

3. 思维方式因素

历史选择和文化传统在个体身上的具体体现即思维方式。在近代化进程中，精英阶层之所以能迅速接纳科学主义并将其思维方式深植于意识之中，一方面源于当时中国贫弱的现实状况与国人救亡图存的坚定决心，另一方面则是因为文化基因内部早已根植了极端实用主义的思维模式。唯科学主义与科学精神的核心差异在于人本理念。科学精神的本质是以人为本，强调科学的所有成果都应服务于人类精神的愉悦、生活质量的提升、人格的完善、价值的实现以及幸福人生的追求，它因尊重人而显得极为严谨。相反，唯科学主义则可能仅仅为了科学的名义、学术话语权或私人利益而进行科学活动。这种态度正是极端实用主义者所偏好的。当这种极端实用主义的科学态度渗入管理者的思维之中，便逐渐演变为盲目追求高效、可测和节约成本的制度化管理模式，从而导致建筑文化管理中柔性和人性化的元素难以成为关注的焦点。

要追求科学精神，人们需要有一颗纯净且专注的心，勇于面对挑战并坚持不懈地探索。缺乏科学精神的制度化和规范化管理很容易沦为少数人控制他人的工具。这在一定程度上为中国建筑文化管理的发展与改革问题埋下了思维上的隐患。

4. 教育模式因素

在西方教育界，20 世纪 70 年代前后，以罗尔斯、杜威等为代表的一批学者对功利主义教育进行了深刻批判。这终结了功利主义长期主导教育的局面，使得教育开始转向人本主义和伦理实在论的维度。相比之下，深受古代政治化的儒家伦理与近代急功近利的实用主义影响，我国的教育在当时出现了功利主义的教育模式。这种教育模式以功利主义为主要价值取向，过分强调教育的即时效果和利益，将外部价值作为衡量教育成效的标准。

改革开放后，我国功利主义教育进一步演变为唯科学主义、技术主义、工具主义和经济效益为中心的教育形态。原本应用于工业生产的“数量”“效益”和“效率”等概念成为主导我国教育模式的关键因素。然而，教育的本质在于引导人们追求美好生活，鼓励个体成长为人格健全、身心健康、具备良好社会交往能力的人。功利化教育过度迎合经济和社会的即时需求，使教育沦为一种适应性活动，这不仅加剧了社会中个人对金钱、权力等单一利益的片面追求，也偏离了教育的本质目标，即培养个人的全面发展。

第六章　国外高校建筑文化管理的经验借鉴

从近代大学的发展历程来看，相较于中国，西方大学的创立与建设拥有更为悠久的历史，因而在建筑文化及管理方面的经验积累更为深厚，相应的组织结构和制度也更加健全。为此，我们选取了四所极具代表性的国际知名大学，它们分别坐落于欧洲（剑桥大学）、美洲（哈佛大学）、亚洲（东京大学），以及一所独具特色的军事院校——美国西点军校（全称美国陆军军官学校）。这四所学校分别代表了西方的传统大学模式、新兴大学模式、东西方文化交融模式以及军事特色模式。我们深入研究了这些在文化风格与管理理念上存在显著差异的代表性大学，旨在提炼出对国内大学具有借鉴意义的建筑文化管理经验。

第一节　英国剑桥大学的建筑文化管理经验

作为世界上历史最为悠久的学府之一，英国的剑桥大学拥有众多学院，其建筑风格跨越了13世纪至20世纪的广阔时空，展现出高度的多元性。剑桥大学的管理机构体系完备，权力分配科学合理。与建筑文化管理紧密相关的机构主要包括评议院（Regent House）、理事会（Council）和校董事会（General Board of the Faculty）。这些机构下设分属单位，专门负责剑桥大学建筑项目的招标、建设与维护，尤其重视将剑桥大学的教育理念与宗教精神融入建筑的空间布局与风格之中。在管理机制中，评议院主要负责对理事会提出的管理方案及其实施细则进行审议，并将审议结果提交至校董事会。而校董事会则负责进一步审议这些方案，并提供必要的资金支持。值得注意的是，尽管剑桥大学并未设立专门的建筑文化管理机构，但其在实际操作中却处处彰显着文化管理的理念，特别是在博物馆、艺术馆及古建筑的使用与维护上实现了保护、利用与传承的有机结合。这不仅确保了师生能够充分体验古建筑的历史韵味，并将其作为文化传播与课堂教学的宝贵资源，同时也确保了这些建筑能够历久弥新。此外，剑桥大学还格外重视公共绿地的开放性与园艺小品建筑的细节设计，为校园营造了一个既美观又实用的学习生活环境。更为重要的是，剑桥大学的管理条例与具体方案的制定与实施，是由评议院、理事会和校董事会这三大相互制约的主体机构共同完成的。这一机制不仅保证了管理的民主性与透明度，也确保了剑桥大学建筑文化风格的连续性与一致性。

一、建筑文化管理透射出的教育理念

剑桥大学自 1284 年创立首个学院——彼得学院，至 1977 年罗宾逊学院的成立，其间共有 31 个学院相继建立，这些学院遍布于数十条街道之中。由于剑桥大学是在漫长的历史进程中逐步构建起来的，且各学院保持相对独立，所以它最初并未拥有统一的校园规划，但这并未阻碍剑桥大学在建筑文化管理上秉持一贯的基本理念与精神。

首先，剑桥大学非常重视其建筑对历史文化的保存与维护工作，这一态度始终如一。实际上，利用历史悠久的建筑实体来传承文化是剑桥大学独具特色的人文管理方式之一。这些建筑承载着深厚的教育理念，即大学的核心在于培养全面发展的人。英国教育学家阿瑟·珀西瓦尔·罗西特(Arthur Percival Rossiter)曾强调，剑桥大学的设立是为了学术、研究及培养完整的人，而非追求利润、迎合职业需求或金钱与商业。因此，在广泛的人类知识探索中，它成为人类追求真理的精神家园。在此背景下，剑桥大学的建筑文化管理者高度重视通过建筑的宏伟外观与和谐统一、内部装饰的古朴精致以及标志物的历久弥新来展现其文化的传承与学术的深厚底蕴，同时也注重建筑文化的渲染及建筑与周边环境的协调管理，以凸显其独特的教育理念。

其次，剑桥大学通过建筑的独特魅力，让学生在其中能够静心凝神，实现精神上的升华。例如，壮观的国王学院(King's College)礼拜堂，其历史悠久，从 16 世纪石匠雕刻的石刻人物、繁复的石柱、精美的扇形拱顶到窗户上面积广泛、工艺精湛的彩绘玻璃，都得到了精心的维护。即便在第二次世界大战这样的艰难时期，巨大的彩绘玻璃也被逐一取下并妥善保存，确保了礼拜堂每一处细节都尽可能保留了历史原貌。这体现了剑桥大学对细节管理与维护的极致追求，将建筑所蕴含的文化精神悄无声息地植根于置身其中的人们心中。

最后，剑桥大学还经常在礼拜堂内举办各类活动，如礼拜、独奏会、音乐会及平安夜“九篇读经与圣诞颂歌庆典”(Festival of Nine Lessons and Carols)等。这些活动的举办不仅是利用建筑文化进行管理的重要方式，也证明了高频次的活动并未对古建筑造成损害。例如，礼拜堂内 17 世纪的巨大管风琴至今仍保存完好，并在上述庆典中奏响。此外，礼拜堂的管理之精细还体现在对蜡烛选材的严格把控上。为了避免熏黑精美的石雕工艺，管理者特意选用了不易产生黑烟的瑞典蜡烛。这一举措既营造了古典氛围又保护了建筑本身，充分展示了剑桥大学在建筑文化管理上从细微之处入手的严谨态度，既展现了建筑文化的魅力又确保了建筑的完好无损。

二、图书馆渗透的建筑文化

在剑桥大学的建筑文化管理体系中，图书馆的设计、建设、管理与维护占据着举足轻重的地位。图书馆不仅汇聚了海量的知识资源——图书，还提供了卓越的管理与服务。剑桥大学图书馆以其独特的外观吸引着无数学子(见图 6 - 1)。作为学习活动的核心场所，剑桥大学的学生们往往会在图书馆度过大部分时光，其深厚的人文氛围在很大程度上得益于图书馆建筑所营造的独特环境。作为追求知识与真理的精神殿堂，剑桥大学拥有世界上历史悠久且规模宏大的图书馆。该馆自建立以来已历经 600 余年沧桑，藏书总量数百万册。其中，中文藏书种类丰富，涵盖了从商代甲骨到宋、元、明、清各朝代的书籍、抄本、绘画及拓本等珍贵文献。图书馆历经两次大规模扩建，每一次扩建都精心规划，以确保与原始建筑在风格、材质及形制上保持高度和谐统一。近现代以来，图书馆已逐渐演变为剑桥大学的标志性建筑，同时也是学习与研究的中心。在建筑文化管理的实践中，鉴于剑桥大学院系众多、部门复杂的特点，学校采用了多级图书馆管理模式，构建了一个全面而高效的分布式信息管理系统，从而充分且合理地利用了图书馆的空间布局。这一先进的管理模式如今已被国内众多综合类高校图书馆所借鉴与采纳。

图 6-1　剑桥大学图书馆外观

（资料来源：https://www.sohu.com/a/273116692_449653）

在图书馆的空间布局与光影设计中，剑桥大学深刻体现了其建筑管理理念中的人本关怀，尤为注重人的感知体验与情绪共鸣。图书馆采用“一”字形拱顶结构，内部空间纵深大，配以高大的玻璃窗，自然光线充沛，营造出极佳的采光效果（见图 6-2）。馆内装潢古朴雅致，黑红色木质与灰白色砖石在开放式串联结构中交相辉映，散发出柔和而多变的光泽，赋予空间以温暖的质感，使步入其间的读者仿佛能从内饰的质感和光泽中嗅到书香之气。开放式的书架与阅览室紧密相连，每张阅读桌上均配备有明亮而不刺眼的阅读灯，书桌与椅子则多采用木质与皮质材料，色彩上保持木材的天然本色或庄重的红黑色调。这种细腻入微的内部光影环境，通过视觉、触觉乃至心理的多重感知，深刻影响着每一位访客。正如建筑学家帕拉斯马（Pallasmaa）所言，人们能够透过砖、石、木等自然材料的质感，感知真实的世界与生活，激发内心的归属感与亲切感。因此，这些看似不经意却匠心独运的内部装饰细节极大地增强了师生们对图书馆的亲近感，激发了他们阅读与学术探索的热情。相较之下，国内部分图书馆在内部细节处理上，特别是在建筑元素、色彩搭配、光影效果等方面的经营尚显不足。剑桥大学图书馆的管理者们对细节的重视无疑为我们树立了一个值得学习与借鉴的典范。

图 6-2　剑桥大学图书馆内景

(资料来源:https://www.sohu.com/a/273116692_449653)

此外,在时间管理方面,剑桥大学图书馆实施了 24 小时全天候开放制度,并对外借资料的知识产权保护进行了详尽说明,明确规定所有借出的媒体资料严禁在公共场合展示或播放,这充分体现了剑桥大学严谨的学术规范与良好的管理秩序。无论是大学总图书馆还是各院系的专业图书馆,均采用了借阅一体化的布局设计,实行全面开架的服务方式,极大地方便了读者。为进一步提升读者体验,各图书馆内均配备了讨论室、休息室及电脑室,不仅提供免费上网服务,还设有复印机供读者使用。剑桥大学鼓励所有师生积极向图书馆推荐新书。若院系图书馆无法满足订阅需求,师生则可进一步向大学总图书馆推荐。这种图书馆与师生之间的积极互动模式不仅促进了资源的优化配置,也增强了图书馆的服务效能,是我国图书馆在建筑文化管理领域值得借鉴与学习的重要经验。

三、博物馆和艺术馆折射的建筑文化

博物馆和艺术馆对广大师生的全面开放,是剑桥大学实施建筑文化管理的重要举措之一。剑桥大学拥有众多博物馆,如位于特兰平顿街(Trumpington Street)的菲茨威廉博物馆(Fitzwilliam Museum),唐宁街(Downing Street)的考古与人类学博物馆、塞奇威克地球科学博物馆(Sedgwick Museum of Earth Sciences)、动物学博物馆，以及位于塞奇威克街(Sidgwick Street)的古典考古学博物馆等①。在大学建筑文化管理者看来，这些博物馆不仅是大学不可或缺的组成部分，还通过丰富多样的展览与活动助力大学进行科学研究与人才培养。剑桥大学艺术史系的很多课程便巧妙地融入博物馆的藏品资源。例如，在探讨中世纪手抄本时，教师会直接将课堂移至博物馆内，让学生面对实物进行直观学习，这可以说是一个非常成功的建筑文化管理实践案例。剑桥大学巧妙地将深厚的学术底蕴与卓越的艺术造诣融入其博物馆中，这不仅吸引了校内外师生的目光，还实现了建筑、文化与管理在每一次教学中的融合。

与博物馆相类似，艺术馆同样成为师生们学习交流、休闲娱乐及精神陶冶的重要场所。特别值得一提的是菲茨威廉博物馆，它作为剑桥大学的首席博物馆，频繁出现在各类艺术学、美学课堂上。该馆收藏了众多国际知名的绘画、古董等艺术品。从建筑美学的角度审视，菲茨威廉博物馆采用了典型的新古典主义风格，以科林斯柱式支撑的三角楣模仿古希腊建筑，对称的立面两侧设有通往庭院的走廊，走廊楼梯两侧的矮墙上分别卧着一对雄狮，整体洋溢着古典艺术的和谐美感②。在细节设计上，得益于科尔文教授的主持，博物馆的一侧被精心打造成一座名为“马莱画廊”的庭院。科尔文教授独具匠心，将绘画等纯艺术品与家具、地毯等装饰艺术品巧妙搭配，营造出一种温馨的家庭式展览环境③。这一系列举措不仅彰显了剑桥大学在建筑文化管理方面的卓越成就，也鼓励了教职工积极参与建筑文化管理。

这种建筑文化环境的营造方式，极大地发挥了建筑本身对大学教育的积极影响，让师生沉浸在一个既充满家庭温馨又富含浓郁文化气息的环境中。正如海德格尔在《筑·居·思》中所阐述的，人类存在的基本原则是寓居于事物之

---

①BROOKE C N I. A history of the University of Cambridge[M]. Cambridge: Cambridge University Press, 1993.

②LEADER D R. A history of the University of Cambridge[M]. Cambridge: Cambridge University Press, 1988.

③TED T, BRIAN S. Oxford, Cambridge, and the changing idea of the university: the challenge to donnish domination, the society for research into higher education[M]. Buckingham: Open University Press, 1992.

中，即我们并非生活在抽象的世界里，而是时刻与真实具体的事物紧密相连①。因此，当大学师生在这样一个亲切而熟悉的环境中学习与研究时，无疑能获得更深刻的精神熏陶和思想境界的提升。此外，剑桥大学的博物馆几乎全年无休地举办各类讲座、演奏会、展览等活动，这些活动不仅为不同学院提供教学协作的机会，还面向全社会各年龄层人士开放，提供丰富多样的项目和教育活动②。以菲茨威廉博物馆为例，它全年不间断地推出各种主题的当代艺术展，同时提供免费的画廊讲座和丰富多彩的周末活动，如周六下午及晚间的演奏会和讲座等。这种将博物馆作为教育教学重要场所的建筑文化管理策略，充分展现了剑桥大学的建筑在促进教育功能发挥和文化传承方面的卓越成效。当前，中国的部分高校也建立了具有自身文化历史特色的博物馆，如上海体育大学的"中国武术博物馆"。然而，在如何将建筑与文化教育深度融合方面，我们仍需借鉴以剑桥大学为代表的先进管理经验，以进一步优化和提升我们的建筑文化管理水平。

四、公共绿地和园艺反映的建筑文化

在公共绿地与园艺小品的管理上，剑桥大学展现出高度的灵活性，其文化管理策略尤为注重师生与环境之间的和谐互动。例如，沿切斯特顿港人行小桥至耶稣绿地这一公共休闲区不仅是沿河漫步的绝佳起点，还常年见证着大学生赛艇队的刻苦训练。每年，"四旬斋赛"与"五月桨赛"这两项学院间的赛艇盛事在剑河的切斯特顿与贝茨尖闸间举行，获胜的"蓝奖"得主更有机会代表剑桥大学参加举世闻名的剑桥-牛津赛艇对抗赛。剑桥大学通过这些体育活动，巧妙地将人文情怀融入自然景观，让学子们在自然与人文的交融中陶冶情操，增强归属感。观众在享受精彩的赛艇比赛的同时也能在剑河沿岸的美景中感受到自然与人文融合的气息。受此启发，南京市东南大学九龙湖校区也在其人文学院西侧的湖面上开展龙舟队的训练。

此外，位于城市中心区以南约 1.6 千米处的植物园是植物科学与园艺艺术

---

①HEIDEGGER M. "Building, dwelling, thinking" in poetry, language, thought[M]. New York: Harper Row Press, 1971.

②泰勒. 剑桥大学人文建筑之旅[M]. 杨莫，译. 上海：上海交通大学出版社，2014.

的完美结合，由著名生物学家达尔文的挚友约翰·亨斯洛(John Henslow)创建。该园汇聚了全球最重要的近万种植物，并将其精心布置于参天古木之下，150个花坛以复杂而精致的图案铺展，湖泊之上点缀着巨石园及多个主题栽培区，展现了植物世界的多样性与奇妙。亨斯洛植物园旨在为公众带来愉悦与启迪，这一理念被后世的建筑文化管理者们传承至今。

剑桥大学800余年的历史是人文与自然深度融合的见证。每一株植物、每一块砖石、每一泓流水都承载着历史的记忆，讲述着过往的故事。这一切成就不仅源于剑桥大学深厚的文化底蕴，更得益于其卓越的建筑文化管理理念、方法及不懈的实践探索，这些宝贵经验无疑为国内大学提供了值得学习与借鉴的范例。

第二节　美国哈佛大学的建筑文化管理经验

哈佛大学与剑桥大学在管理模式上有相似之处，主要由管理委员会实施一系列管理举措，以践行学校的办学宗旨和理念。17世纪中期以后，哈佛大学设立了两个重要的管理委员会：学院团总裁委和董事会监管委员会。这两个机构既相互制约又相辅相成，共同负责制定大学的发展规划和规章制度，并对行政、教学及日常运作的质量与效率进行监督。因此，实质上，哈佛大学的建筑文化管理工作是由这两个委员会下属的机构承担的，这样的安排确保了哈佛大学的建筑文化管理能够直接体现其教育理念和人文精神。同时，所有相关工作的开展都在这两个核心机构相互协作与监督的情况下进行，因而促进了管理的有效性和高效性。

一、创造有生命力的建筑文化

哈佛大学创立之初，正值美国北方盛产方正红砖之际，哈佛人以其独特的创造力，从红砖灰瓦的新古典主义建筑开始，创造着属于自己的历史篇章。这些通体砖红的建筑与周围的绿树碧草和蓝天白云相交织，不仅展现出一种优雅的气质，更透露出一种质朴无华的美感。因此，红色自然而然地成为哈佛大学建筑的主色调，而新古典主义则奠定了其建筑风格的主基调。早期的哈佛大学建筑深受文艺复兴时期建筑风格的影响，如斯托顿馆（Stoughton Hall）就是佐治亚式古典主义建筑的典范。同时，这一时期的建筑也保留了殖民时期的特色，哈佛馆（Harvard Hall）便是古朴殖民风格的代表，其红砖外观尤为引人注目。尽管这些建筑受到多种风格的影响，但已初现美国折中主义风格的端倪。

哈佛大学通过建筑创造的历史从一开始便拥有了独特的生命力。正如著名建筑评论家希格弗莱德·吉迪恩（Sigfried Giedion）所言，建筑虽由外在条件塑造，但一旦成形便成为一个有机的整体，拥有自身特征并延续着生命，其影响力可能超越原有环境或时代的变迁①。在吉迪恩看来，建筑蕴含的人性因素远超过其科学价值，因为建筑不仅仅是风格与形式的问题，也不完全受社会或经济条件制约。它拥有自己的生命，会成长、会变化、会发掘新的潜能，也会舍弃旧有元素。因此，我们应当将建筑视为一个不断成长的有机体。尽管哈佛大学的建筑样式起初多为外来引进，无论是浪漫派、维多利亚式、都铎式还是哥特复兴式，都无法完全代表哈佛大学的历史与精神。哈佛大学的精神正是通过哈佛大学自身独特的建筑特征所创造的。

哈佛大学的历史虽不及剑桥大学那么悠久，但也已绵延300余年。其建筑建设时间悠长，每座建筑都承载着不同时代的印记，而哈佛大学所在的剑桥市也已从小镇蜕变为大都市，周围环境发生了翻天覆地的变化。然而，哈佛大学凭借其独特的建筑文化管理方式，成功地将各具时代特色与个性风貌的建筑融为一体，同时保持了整体风格的和谐统一。它将一个具有多元文化思想的大学的历史和精神气质恰如其分地凝聚为一体，可以说是其在建筑文化管理上的一大成功。在保持建筑风格和历史风貌一致性方面，比较有代表性的如哈佛大学入口之一的约翰斯顿门（Johnston Gate）（见图6-3）。这座由19世纪末美国杰出建筑师查尔斯·麦金（Charles Mckim）设计建造的大门，与其两侧17世纪晚期的两栋古老建筑——马萨诸塞馆和哈佛三馆，在风格上实现了惊人的和谐，让人几乎难以察觉它们之间跨越了两个多世纪的时间鸿沟。约翰斯顿门并非

---

①吉迪恩. 空间·时间·建筑：一个新传统的成长[M]. 王锦堂，孙全文，译. 华中科技大学出版社，2014.

是对16世纪殖民时期文艺复兴风格的简单复刻,而是巧妙地将19世纪末的历史变迁融入其中,展现了建筑师对时代精神的深刻理解与创新。查尔斯·麦金对约翰斯顿门的设计极为用心,从石材的质地、色泽到砖块的质地、纹理、颜色,他都要求与周边建筑高度一致。铁栏杆的制作更是采用了纯手工方式,模拟出18世纪不规则的手工触感。面对预算超支的问题,查尔斯·麦金表示:“我们总是从简单和竞技的眼光来努力完成设计,也清楚如何做出最恰当的设计,而不是做那恰好一万美元的作品。”事实上,不仅是19世纪的建筑如此精心地与历史保持一致,20世纪90年代建造的“奥瑞真斯和苔斯”(见图6-4)也以其优雅而极简的现代玻璃窗设计,巧妙地融入周围老建筑的氛围中,既展现了现代设计的魅力,又不破坏百年建筑的历史感。这进一步证明了哈佛大学在通过建筑营造场所精神、传承历史文化方面的不懈努力。

图6-3　约翰斯顿门

(资料来源:https://www.163.com/dy/article/DSISHC7H0516A678.html)

图 6-4　奥瑞真斯和苔斯

（资料来源：山德-图奇，奇克.哈佛大学人文建筑之旅[M].上海：上海交通大学出版社，2010：61）

二、传承有灵魂的建筑文化

哈佛大学这座被誉为“美国的雅典城”的新古典风格校园，与剑桥大学相仿，同样有着浓厚的宗教氛围。然而，与剑桥大学截然不同的是，哈佛人秉持的是新教精神，其自由与开放的思想根基自建校之初便已深深扎根。历史学家塞缪尔·艾略特·莫里森(Samuel Eliot Morison)曾言：“(哈佛)成为一所有信仰的学校，而不是一所神学院。”①因此，时至今日，哈佛大学依然保留了大量富含宗教元素的建筑。这些建筑不仅是物质的存在，更是哈佛大学文脉延续的重要载体，其中，第一教堂(First Church)便是显著的例证。作为地标性建筑，它不仅是历届哈佛大学毕业典礼的举办地，还吸引了无数文人墨客的光临，包括美国诗人拉尔夫·沃尔多·爱默生(Ralph Waldo Emerson)，他在此地发表演讲后，被其独特的氛围与场所精神所触动。除了庄严肃穆的哥特式教堂，哈佛大学建筑群中真正将人文精神融入其中的还有教堂旁的墓地。在这片古老的墓地上安息着清教徒、先驱者以及哈佛大学创校初期的几位校长，他们共同见证了哈佛大学的辉煌历程。将墓园打造为哈佛大学的文化地标，无疑是其独特的

①徐来群，单中惠，顾建民.哈佛大学史[M].上海：上海交通大学出版社，2012.

建筑管理模式之一。那些哥特风格的石碑不仅唤醒了踏入墓园者对历史的回忆与对质朴之美的感知，更促使人们深刻思考生命与历史的重量，既实现了文化的传承，又发挥了美育与思想教育的功能。

三、创造“建筑蒙太奇”的建筑文化

德国哲学家瓦尔特·本雅明(Walter Benjamin)在其著作《巴黎拱廊街》中深刻阐述道：“历史并不是将过去和现在所发生的一切整理并加上叙述那么简单，而是以蒙太奇的方式，将空间不经意地相互交汇。”哈佛大学对于自身历史的展现与重塑正是这一理念的生动实践，它将不同历史时期的建筑片段巧妙地并置于当下，让我们的视线穿梭于过往与现在之间，以既熟悉又新颖的方式触动我们的感知世界。

在哈佛大学的建筑蒙太奇中，最引人注目的莫过于古老建筑群中那一抹现代派建筑——位于旧校区肯尼迪街与芒特奥本街(Mount Auburn Street)交会处的90～95号建筑。这栋建筑原为一座典雅的佐治亚式复古建筑，如今却披上了一袭闪亮的金属外衣，焕发出强烈的现代气息，为周围环境平添了几分都市的活力，其独特的现代派风格与周围的古老建筑形成了鲜明对比，却也在这种对比中凸显了古旧建筑的优美与典雅。尽管这栋建筑因其金光闪闪的外观而备受瞩目，但其设计却巧妙地融合了柔美与亮丽、沉稳与静谧，使得它并不突兀地融入周围17世纪的历史建筑当中。针对这一充满争议的建筑作品，建筑文化批评家罗伯特·凯贝尔(Robert Campbell)给出了他的见解。他认为建筑是一场永不停歇的探索，旨在为我们所生活的环境带来惊喜与愉悦，因此我们不应畏惧新的设计与尝试。城市与世界的发展既需要珍视并延续历史的脉络，也应满怀希望地追寻那份理想中的美好①。

哈佛大学以其既坚守传统又勇于创新的独特气质，在建筑风格上展现出丰富多彩的面貌。从历史的维度审视，没有哪一栋建筑能完全代表哈佛大学的全部，因为每一栋建筑都是其所在时代哈佛大学精神的缩影。哈佛大学之所以充满活力，正是源于其强大的自我创造力和对传统与现代并蓄的气度。正如美国

①FENTRESS C F, CAMPBELL R, LYNDON D, et al. Civic builders[M]. New York: National Academy Press, 2002.

著名建筑学家罗伯特·文丘里在其著作《建筑的复杂性与矛盾性》一书中所深刻阐述的那样，他更倾向于“两者兼顾”而非“非此即彼”，复杂且充满矛盾的建筑对整体有着特殊的责任：其真正价值在于与整体的和谐共生，而非排斥其他、追求简单的统一，它必须展现一种包容的、虽难却美的统一①。这种建筑视觉上的蒙太奇手法，通过其兼容并蓄的外在形式为置身其中的师生提供了多元感知的空间，激发了他们更加活跃的思维与创造力。因此，可以说，构建建筑的蒙太奇不仅是哈佛大学建筑文化管理的一大亮点，更是其教育理念与文化传承的生动体现。

四、注重从细部文化着手的建筑文化

在校园细部文化营造与环境文化管理方面，哈佛大学的建筑文化管理者们展现出卓越的理念与实践能力。以被誉为美国“柏拉图”的爱默生命名的爱默生馆为例，管理者们将其打造成一个神圣的精神殿堂。无论是采用石灰岩墙壁营造出的静谧氛围，还是墙壁上镶嵌的先贤画像，抑或美丽的大理石地板，乃至门前挺立的红砖廊柱及其精致的灰泥收边，都引领着人的感官深入灵魂深处。正门汉白玉墙体上镌刻的“What is man，that thou art mindful of him”（人算什么，你竟顾念他）深刻揭示了爱默生馆的沉思氛围，为哲学思考提供了一个具象化的栖息之所，让人的心灵与智慧在此与先贤进行跨越时空的对话。事实上，类似的细部处理与思想标语在哈佛大学校园的建筑中随处可见。例如，科克南街西区布什馆的外墙上就刻有“你能，因为你应当如此”的醒目标语，该标语既引人注目又发人深省，激励着学生不断追求卓越。法学院奥斯汀馆上的“又要将律例和法度教训他们，指示他们当行的道和当做的事”则兼具启示性与专业性，为学子们指明了方向。在建筑与环境的和谐共生方面，美国人文与科学研究院俱乐部堪称典范。该建筑摒弃了钢筋水泥的冰冷，以林立的红色砖柱支撑起古典与现代交织的韵味。其巨大的落地窗设计不仅展现了建筑的宁静与简朴，更与窗外郁郁葱葱的林荫山景相得益彰。至于园艺创作，具有代表性的是温斯罗普公园的“沉默之石”（Quiet Stone）。这块由大理石雕琢而成的石头，看似是一块被自然遗留的残垣，实则蕴含无限意境，无一丝人工雕琢之

①文丘里.建筑的复杂性与矛盾性[M].北京：中国建筑工业出版社，1991.

痕，却巧妙地融入大环境之中，让人不由自主地与这片土地的历史产生深刻的情感共鸣。

毫不夸张地说，哈佛大学的校园是一个遍布建筑奇迹的神秘殿堂。该校的建筑文化管理者们凭借非凡的创造力书写了属于哈佛大学独有的建筑历史篇章，这一历史不仅深深植根于其浓厚的清教传统之中，更孕育了自由的学术思想。哈佛人摒弃了非此即彼的狭隘思维，既珍视历史的传承，以墓地等独特地标展现其深厚底蕴；又勇于创新，创造了大量现代主义建筑杰作。这些现代建筑非但没有割裂哈佛大学的完整性，反而通过其独特设计增强了人们对历史的体验。突兀的景致与强烈的对比非但没有破坏古典建筑的宁静与深沉，反而在对比中凸显了其独特魅力。正是这种兼容并蓄、勇于探索的思维模式，使得传统与现代建筑形式在看似矛盾与冲突中相得益彰，形成了恰如其分的建筑蒙太奇景观。这一独特的文化管理经验值得我国高校在探索自身发展道路时学习与借鉴。

第三节　日本东京大学的建筑文化管理经验

日本东京大学作为亚洲最早具备近代意义的大学，其最初目的在于引入西欧先进的知识体系与科学技术，进而推动国家近代化进程。在日本急于加速迈入近代化的浪潮中，东京大学成为东西方文化及意识形态交汇融合的前沿阵地之一。东京大学坐落于昔日大名宅邸的遗迹之上，一片曾被岸田省吾形容为“荒凉原野”的土地。东京大学历经两个不同时期的发展，现今校园的主体风貌主要定型于关东大地震后的重建。尽管震前建筑大多已不复存在，但那些幸存的历史遗迹仍被精心保存。东京大学的建筑文化管理者们持续不断地对这些宝贵遗产进行维护并代代相传。因此，校园里既有古老的历史建筑，也有崭新的研究设施，它们共同构成了历经百余年历史积淀的独特空间环境。东京大学秉持教授治校的核心理念，所有关于建筑文化管理的规章制度、实施细则及执行工作均由教授组成的各类委员会及其委托的校外管理机构负责实施。对于这所自然环境优美、绿树成荫的大学而言，其深厚的建筑文化底蕴正得益于长期以教授为主导的建筑文化管理策略。

一、重视营造开放空间的建筑文化

东京大学校园建设史上有两位至关重要的核心人物:英国建筑师约西亚·康德尔(Josiah Conder)与日本本土建筑师内田祥三。在关东大地震之前,东京大学校园的主要设计者为约西亚·康德尔。他遵循了欧洲主流大学的设计理念,采用当时英国盛行的维多利亚时代哥特复兴式建筑风格。约西亚·康德尔巧妙地在主体建筑前设计了宏伟的前庭,使校园成为一个开放空间,与建筑群相互融合成整体。此外,他还精心规划了广场、林荫路等非建筑区域,这一设计理念源自"校园"一词的拉丁语原意——空地,强调了大学场所精神是由建筑与其周边空地共同构成的完整空间①。人们通过这些开放空间与历史紧密相连,从而超越了时空的界限,得以在实地中追忆往昔。尽管约西亚·康德尔的设计在关东大地震后大多不复存在,但他的校园设计理念却深深影响了内田祥三。

内田祥三主导了东京大学的重建工作,并塑造了今日校园的主要风貌。他展现了对校园空间整体布局的卓越把控能力,甚至超越了约西亚·康德尔。内田祥三将原本庞大的前庭细分为多个广场,并通过林荫道将它们紧密相连,形成了一个覆盖全校的开放空间网络。他坚持投入资金于广场、道路、公共设施及绿地的建设,同时注重细节设计,如门扉与围墙的雕琢。内田祥三的努力使东京大学成为一个绿化与建筑完美融合的典范,因而每一处都相互依存、交织共生,深刻体现了开放空间架构下的建筑文化管理理念。这种架构使得校园内的建筑、树木、广场、林荫路等元素相互交融,让置身其中的人们深切感受到"聚集而来,并形成集团"的场所精神。现如今,东京大学仍在持续建设中。在继承约西亚·康德尔与内田祥三开放空间思想的基础上,当代的建筑文化管理者并未将校园视为固定不变的蓝图,而是致力于打造一个以开放空间为核心、随时间不断生长的人文环境。这种空间观强调,随着建筑物形态的多样化发展,如果建筑物能够在开放空间中成长,形成如同网络般枝繁叶茂的态势,那么一个具有时空延续性和自我生长能力的校园才能真正成型②。因此,东京大学的建筑文化管理者对建筑开放空间深刻理解和实践的经验,为我国大学的建设与维

---

①汪原.边缘空间:当代建筑与哲学话语[M].北京:中国建筑工业出版社,2010.

②詹和平.空间[M].南京:东南大学出版社,2006.

护提供了宝贵的启示。

二、重视生态多样性的建筑文化

东京大学在建筑管理方面的另一显著特色是其对生态多样性的高度重视。校园就像一座小型植物园，汇聚了超过100种树木，其中银杏树、光叶榉树、法国梧桐、三角枫和樟树等尤为引人注目。银杏树不仅被融入校徽设计，更成为东京大学的象征。由于银杏树的日语名称与公孙的日语相同，后者寓意着祖父播种、子孙收获，深刻体现了教育的长远意义与精髓。人类作为富有象征思维的生物，正是通过这些象征与隐喻构建了我们丰富多彩的意义世界。因此，东京大学校园建筑文化管理的核心在于通过精心设计的建筑物及其内外空间来创造并传递与教育有关的意义，并给予每一位进入校园的青年学子以启迪。

树木的作用不仅仅是美化校园，还能起到空间营造的作用。例如，银杏大道使得大讲堂显得更加庄重而宏伟；图书馆前矗立的两棵大樟树则如同天然的屏障，隔绝了城市的喧嚣，净化了空气，为高楼林立的东京大学校园带来了难得的清新与宁静。站在校外远眺，整个校园仿佛被一片郁郁葱葱的绿意包裹。

此外，树木还赋予了校园以时间感。无论是形态多变的光叶榉树，还是珍贵的银杏树，都随着季节的更迭展现出不同的色彩与姿态。作为树木园林的核心区域，育德园内遍布着榉树、银杏和七叶树等温带落叶树种。这些树木在夏季郁郁葱葱，在秋季叶色斑斓，在冬季则落叶归根，展现出鲜明的季节变化，让人深刻感受到时间的流逝。透过冬日里光秃秃的树枝，人们不禁会联想到树木发芽的春季。通过联想，人可以暂时脱离现实，让思绪在历史时间轴的未来和过去中穿梭，从而达到育美、育德的效果。正如大川秀章所言，育德园不仅是东京大学的精髓所在，更映射出东京大学的哲学思想①。东京大学通过种植多种习性各异的植被，巧妙地切割与营造空间，并赋予时间以文化意义的管理理念，为国内大学在绿化建设中提供了宝贵的启示。

---

①木下直之，岸田省吾，大场秀章.东京大学人文建筑之旅[M].刘德萍，译.上海：上海交通大学出版社，2014.

三、重视营造崇高感和宏大氛围的建筑文化

掩映在茂密植被中的东京大学的主体建筑作为校园的核心,展现出独特的日西合璧的建筑风格。位于校园主轴线深远尽头的标志性建筑便是内田祥三设计的大讲堂(见图 6-5)。这座大讲堂的设计理念是成为大学的圣像,因此,其设计追求一种强烈而震撼人心的视觉效果。大讲堂建成之后,其深红色的墙体、清晰的轮廓以及宏大的哥特式风格,远远超出了人们的预期,犹如在大学圣像的基础上重新塑造的新时代圣像,因而被誉为“内田哥特”。利用视觉上的雄伟与宏大来传达崇高感是建筑设计中常见的表现手法,而崇高的塑造往往能够激发人们内心深处的生命情感。正如康德所言:“崇高感是一种间接引起的快感,因为它首先有一种生命力暂时受到阻碍的感觉,紧接着就有一种更强烈生命力的洋溢迸发。”①通过构建宏伟庄严的建筑物来激发大学生的生命情感,正是建筑文化管理中非常重要的策略。

图 6-5　东京大学大讲堂

(资料来源:https://www.163.com/dy/article/IADG7OCI05530MZ6.html)

图书馆也是一个堪称经典的建筑文化管理案例(见图 6-6)。其正面设计别具一格,凸出的窗户以巧妙的节奏感塑造出一种动态的平衡美感。装饰性柱

---

①朱光潜.西方美学史[M].北京:人民文学出版社,1979.

子与墙面上设计的多条折线与门廊清晰的水平直线形成鲜明的视觉对比，赋予图书馆正面一种丰富的立体感与动态美。更重要的是，这座充满现代气息的建筑与周围历史悠久的建筑和谐共存，共同构成了一个蕴含深厚时间感的半开放空间。设计者匠心独运，旨在增强建筑与人之间的互动与对话。内田祥三在图书馆内部氛围的营造上同样不遗余力。进入图书馆，首先映入眼帘的是连续的门拱门廊与青铜质感的大门，深处则是高大的楼梯，营造出一种深邃而神秘的氛围（见图 6－7）。沿着楼梯来到三楼大厅，一个巨大而庄严的空间豁然展现，不禁让人联想到古罗马的方形大会堂。在采光设计上，内田祥三巧妙地运用了轴线理念，光线自上而下倾泻，沿着轴线不断攀升，最终在书库的阻挡下折返，形成一种极具戏剧性的光影效果。光线不仅照亮了长长的楼梯，更引领着人们一步步迈向空中的庄严殿堂。由此可见，大学建筑庄严与崇高感的塑造并非单一因素所能成就，而是需通过楼梯、廊柱、屋顶、光影等细节元素的精心设计与整体构图的巧妙融合来实现。置身其间的人们，通过震撼的视觉体验、细腻的触觉感受以及回荡的听觉享受将建筑物所承载的场所精神内化为自身的生命情感。内田祥三作为杰出的建筑师与建筑文化管理者的成功经验为我们提供了宝贵的参考。

图 6－6　东京大学图书馆外观

（资料来源：https://www.jjl.cn/case/162409.html）

图 6－7　东京大学图书馆内部

（资料来源：https://www.sohu.com/a/592134087_120145568）

四、重视建筑时间性营造的建筑文化

东京大学曾历经两次重大灾难：一次是关东大地震及其后燃起的大火，导致校园内大部分建筑受损或被焚毁；另一次则是第二次世界大战期间美军轰炸所造成的严重损毁。在关东大地震之后，东京大学迅速启动了大规模重建工作，但在此过程中，部分受损建筑并未被简单拆除，有的被视为历史遗迹得以保留，而另一些则在保留原有结构的基础上进行了再建。例如，法文 1 号馆的八角讲堂在灾后仅存部分墙体与地下结构，但在内田祥三主持下，通过插入钢筋混凝土骨架的方式，在尽量不破坏原有砖砌隔断、天棚与地板的前提下，实现了对八角讲堂的加固与重修，让明治时期的历史风貌得以重生，激发着人们对这段历史的不断解读与新思考。内田祥三的理念在于，历史不应仅是静态的保存，而应从新的视角不断被诠释，以保持其生机。同样，如历史悠久的赤门及其旁侧经济学部旧馆的改造也彰显了东京大学建筑文化管理的智慧。赤门在修缮中得以完好保存，而旧馆的改造则是一个成功的典范。在 2003 年的整修项目中，东京大学采用了纹理墙面砖与暗色钢铁焊接相结合的双重墙壁设计，这一创新不仅赋予建筑新颖的外观，还通过上下变换的设计元素营造出大尺度感与质感、色彩的和谐，从而使其与周边环境相得益彰。东京大学建筑文化管理者对待历史、建筑文化与环境之间关系的态度发人深省。他们的成功经验表明，建筑物的文化传承价值不仅仅在于其实体的完整性，更在于其能否与人、与周围环境形成有机的互动与对话。

作为一所融合东方智慧与西方科学精神的近代大学，东京大学的校园建筑不仅体现了东方人对天人关系的深刻理解，也展现了西方建筑科学对校园空间的新颖诠释。因此，东京大学的建筑文化管理经验对于高速现代化发展中的中国大学建设具有重要的启示与借鉴意义。

第四节　美国西点军校的建筑文化管理经验

一、注重多重气质相融合的建筑文化

美国陆军军官学校，即西点军校，位于哈德逊河 S 形转弯处的高地上。这里原为军事要塞，战略位置重要，而其选址虽出于军事考量，却意外造就了西点军校周围旖旎的自然风光。该校建筑依山傍水，巧妙融入河谷与陡岸的自然景观之中。作为一所集军事训练与高等教育于一体的学府，西点军校不仅追求军人的荣耀、责任、刚强与纪律，也崇尚大学自由开放的求知精神。这一双重身份对校园建筑提出了很高的要求，即需同时表达并融合这两种截然不同的气质，这对任何建筑文化的创造者与管理者而言，都是一项巨大的挑战。从第一位设计者德拉菲尔德开始，构建既能体现军人风采又不失学者风范的校园建筑，便成为他们不懈追求的目标。

西点军校独特的地形与自然环境为建筑文化的创造者们提供了天然的灵感。山川河流、岩石墙垣等元素本身蕴含的英雄主义的传奇色彩，为德拉菲尔德的初期设计提供了充足的灵感。他采用具有欧洲城堡风格的都铎式、哥特式及诺曼式建筑元素，结合军事要塞式的雉堞、高耸的胸墙与尖塔、尖顶结构及装饰有花格子窗的尖肋拱顶，创造出既庄严威武又不失欧洲英雄史诗美感的建筑群。漫步其间，既能感受到骑士般的荣誉与责任，又能体会到现代学者特有的沉静与深邃。德拉菲尔德及其后继者的创造性设计，对后世建筑师产生了深远的影响，他们大都延续并发展了这一设计理念，从而使得西点军校的建筑群整体呈现出线条粗犷、气质冷峻、力量感十足的军事哥特式风貌，完美融合了军事

学院的刚毅与大学的深邃。这种一体化的设计充分展现了西点军校作为军事学院与知名大学的独特精神风貌。正如绘画学教授查尔斯·拉内德所言："建筑结构上的特点赋予了学院独一无二的品质和个性，保持这种建筑结构特点的完好无损才是重中之重。"①西点军校的每座建筑都深深镌刻着"责任、荣誉和国家"的校训精神，其一砖一瓦、一草一木都营造出一种庄严而宁静的氛围。西点军校建筑文化管理的成功在于精准把握了校园建筑与办学精神的高度融合，并始终如一地贯彻执行。这无疑为我们提供了宝贵的经验。

二、注重一体多元的建筑文化

西点军校的一体化风格并没有影响其个体建筑物各自特点的呈现。例如，学校的学术区长久以来就是一个极富魅力的多样化的地方。尽管学术区的建筑采用了未经雕琢的石料构建，但其匠心独运的设计非但未让人感到粗糙，反而营造出一种别样的舒适与惬意。黄冈岩大厅的宏伟规模与卓越设计展现出一种非张扬却深刻的亲切感，恰如军队中那份和谐友爱的氛围。因此，西点军校更应被视为一所兄弟校，而非传统意义上的母校②。学校图书馆作为地标性建筑，其风格与周边的古老建筑和谐共生。虽采用相对规整的长方体结构，但建筑师通过精细入微的细部处理赋予其鲜明的个性。图书馆风格化的扶壁结构表面看似延续了堡垒特色，实则通过精心设计的竖砖结构在水平方向上打破常规，创造出垂直方向的韵律美感。此外，设计者采取了很多措施以避免其显得平庸，如一楼微拱的石窗、精美的花式窗格及铅条镶嵌细节，均展现出独特的哥特风格，完美契合了图书馆的功能与氛围。再如马汉堂，这座因应扩招需求而建在河岸一侧的大楼，其错落有致的立面设计仿佛植根于起伏不平的地基之上，这赋予了这座大楼一个高低错落的外观，也在整体上赋予了整座建筑丰富的多样性。同时，其花岗岩的外观维持了堡垒式建筑的统一风貌，保持了校园风格的一致性，又展现出独特的个性魅力。由此可见，西点军校的建筑文化管理在营造校园风格统一性的同时也充分展现了各个建筑的独特气质与秉性，实现了一体多元的卓越效果。

---

①王飞凌．走进西点军校[M]．北京：中国青年出版社，2004．

②彭小云．西点军校[M]．北京：军事谊文出版社，2007．

三、注重人与自然相和谐的建筑文化

在校园环境与自然环境之间关系的处理上，西点军校的管理经验极具参考价值。一方面，军校所处的地理位置自然风光优美，特别是哈德逊河在此处的蜿蜒流转与四周山峦的交相辉映。为了促进自然景观与人文情感的深度融合，西点军校的建筑设计者与管理者在学术区的楼群前精心打造了一片广阔的草坪(见图 6－8)。这片草坪呈环形环绕于建筑群周围，与对岸的哈德逊河东侧遥相呼应，形成了一幅和谐的画面。人们漫步其间，视野开阔无碍，可尽情远眺河谷美景。另一方面，西点军校虽为军事学府，但其建筑风格与自然环境非但没有因军人的严肃与阳刚特质而显得格格不入，反而达到了高度的统一。相较于国内部分工科院校可能存在的二元对立式校园环境营造方式，西点军校的经验无疑为那些在建筑文化管理中缺乏人文情怀、过于偏向工科思维的大学提供了借鉴。校园不是工业区的复刻，人类亦非自然的对立面。相反，人与自然的和谐共生正是通过建筑物及其周边空间的文化管理得以展现。

图 6－8　西点军校学术区的大草坪

(资料来源：http://usa.zglxw.com/jingdian_8835.html)

四、注重营造精神信仰的建筑文化

大学的核心使命并非仅限于知识的传授，而是致力于激发并成就个体的自由思想、批判性思维、高尚道德情怀、强健体魄以及丰富的生命情感，旨在培养全面而完整的人。曾任西点军校监督长官的西尔韦纳斯·塞耶（任期：1817—1833 年）指出，卓越的品质能够强健体魄、丰富思想并升华灵魂，而沉浸于特定环境则是培养这些品质的最佳途径。与哈佛大学和剑桥大学等名校相似，西点军校也拥有其独特的建筑与文化氛围。例如，西点军校的教堂位于高地之上，坐拥哈德逊河的美景，大自然的壮美不仅令人心旷神怡，更激发了内心的崇高情感。从细节来看，教堂的设计尤为出众。在进入教堂前，一座静谧的纪念花园使得人们的思绪得以舒缓，让人们在进入庄严肃穆的大厅前先享受片刻的宁静。在教堂内部，低矮的屋顶与柔和的灯光共同营造出一种从自由向神圣过渡的感受。在自然采光方面，教堂中部的一座小庭院为大厅带来了柔和的光线效果。光线从祭坛旁的东向窗户柔和洒入，与木质天花板上隐藏的荧光灯及两侧墙上小型蚀刻窗透进的阳光巧妙融合，将教堂内部的气氛烘托得更加温暖和谐。此外，西点军校礼拜堂外还设有墓区，里面安葬了众多名人，有在丈夫捐躯后毅然参加独立战争的玛格丽特·科克兰·科尔宾（Margaret Cochran Corbin），南北战争时期的少将丹尼尔·巴特菲尔德（Daniel Butterfield）、乔治· 阿姆斯特朗·卡斯特（George Armstrong Custer）将军，巴拿马运河的建造者之一爱德华·怀特（Edward White）等。

西点军校通过精湛的建筑文化管理实践，将军人的责任感、忠诚、刚毅与大学追求自由思想的精神完美融合于建筑风格、空间布局及环境管理中，创造了独具特色的场所精神。在校园建筑多元统一、人与自然和谐共生上，西点军校提供了宝贵的经验。

第五节　国外高校建筑文化管理的启示

本章分别以欧洲（英国剑桥大学）、美洲（美国哈佛大学）、亚洲（日本东京大学）的三所代表性大学和一所特殊的专业性院校（西点军校）为案例，深入剖析了它们各自独特的建筑文化管理模式与方法。这些学校的共同之处在于均高度重视建筑与人的深度互动，巧妙地将办学理念与学术精髓融入建筑之中，通过精心的时空布局与细节雕琢实现了人与自然的和谐共生，为国内外高校在建筑文化管理方面树立了典范，提供了启示。

首先，“以人为本、尊重自然、崇尚科学”。剑桥大学以培育学术、研究及全面发展的人才为核心，将建筑与师生的日常生活巧妙融合。特别是在博物馆和艺术馆的管理上，剑桥大学更是创新性地将其与日常教学、学生活动紧密相连，让学生得以在实践中感受文化的魅力，实现了建筑、文化与管理在教学过程中的融合。哈佛大学则以其卓越的建筑文化管理实践著称，尤其擅长运用地域特色材料如红砖来构建独特的校园人文风貌。这一做法不仅展现了深厚的文化底蕴，更为国内历史积淀尚浅的新建高校提供了宝贵的借鉴经验。此外，哈佛大学将墓园视为重要地标，这不仅是对历史的尊重，也是对学生的激励。尽管这种具体形式在国内难以直接复制，但其背后的文化管理理念却极具启发性。

其次，“保持传统、勇于创新、多元融合”。在哈佛大学，建筑如同蒙太奇手法般将历史的长河凝固于不同时期的建筑当中，这些建筑虽风格各异却和谐共生，共同见证着时间的变迁。西点军校则既保持了校园整体精神气质的一致性，又赋予每座建筑独特的个性与灵魂，通过精细的细部设计实现了军人严谨气质与自由学术氛围的巧妙融合。哈佛大学同样在保持传统与勇于创新之间找到了平衡。这些成就离不开建筑文化管理者们从整体规划到细节雕琢的精心经营。崇高感与唯美感作为激发想象力与创造力的源泉，被东京大学的建筑文化管理者们深刻理解和运用，他们通过塑造建筑的宏伟与庄严触动学生内心深处的情感。而剑桥大学、哈佛大学与西点军校则通过建筑所营造的独特氛围进一步强化了这种场所精神，其经验值得我们学习与借鉴。

再次，“和谐生态、雕刻时光、人文情怀”。在校园建筑文化管理中，园艺小品与植被管理成为展现人文关怀的重要方式。哈佛大学的“沉默之石”以其看似自然风化、实则匠心独运的设计营造出一种超越时空的意境。东京大学则将整个校园打造成为一座小型植物园，利用植物巧妙地划分空间，让人在自然的怀抱中享受独特的身心体验。随着四季更迭，植被的荣枯变化绘制出一幅幅强烈的时间画卷，令人时而感怀，时而情伤，时而激昂向上。与此相似，西点军校通过方正空旷的大草坪与湍流的哈德逊河遥遥相对的设计，让人们在体验军事纪律的同时也能感受到大自然的宏伟。

最后，在管理机构与组织设置层面，国外高校普遍在校董会的统筹下设立了专门负责建筑文化管理的委员会。该委员会直接负责校园空间规划、历史建筑维护、文化课程安排、经营性建筑管理，以及在历史古迹或博物馆内授课的课程规划、建筑内部设施管理等核心任务。为确保管理的专业性与高效性，这些具体工作由管理委员会下辖的多个专业机构执行，这些机构汇聚了校外聘用的资深管理人员与本校深谙建筑文化及其历史的教授和专家团队。国外高校秉持教授治校的原则，因此建筑文化管理委员会的成员往往由本校的资深教授组成，他们负责确定战略方向，并聘请专业管理人员在技术层面具体实施委员会的政策与决策，从而确保了建筑文化能够准确传达学校的办学理念与基本思想。这些高校在建筑文化管理方面的具体实践与方法为我们提供了宝贵的启示。

第七章　我国高校建筑文化管理的改进与探索

相较于西方，我国近代大学的兴起时间虽晚得多，但这并不影响其文化的创造性。在继承中国古老书院形式与太学精神的基础上，最初的学堂逐渐与西方大学的兴办形式相结合，并吸收借鉴了日本优秀的办学经验，大学文化非但没有出现水土不服的情况，反而成为中西方文化融合的典范，成功地将中国文化融入近代化的进程之中。这一模式深远地影响了之后很长一段历史阶段中建筑文化的创造与发展。即便在抗战时期那样极端艰苦的条件下，大量迁往西南边陲的大学依然坚守其文化精神，因地制宜、因陋就简地运用建筑这一形式对文化主体进行管理。

对于高校而言，建筑文化是学校文化的主要组成部分，是学校人文精神的直观展现，建筑是培养师生道德品质的重要场所。一个功能布局合理、环境整齐、氛围安静且带有古朴韵味的美丽校园，能使学生身临其境，感受到与自然环境的相互融合，从而产生追求美好以及陶冶情操的动力。建筑文化管理本质上是一种柔性管理策略，它依托于文化本身，并通过文化进行管理，旨在通过对建筑文化的历史性保护、当代营造及有效管理，为高校学生营造优良的学习环境和具有场所精神的学术活动空间，从而实现以建筑这一文化实体育人的管理目标。

对高校建筑文化管理进行改进与探索，首先需要明确文化管理对高校建筑的重要意义。在探讨价值导向与目标对象的差异时，我们需要厘清两个概念：其一，将建筑文化管理视为高校人文价值传播的辅助工具，旨在通过文化管理的系统性更深刻地阐释人文精神，这体现了一种以高校为对象的管理理念。其二，管理的直接目标是建筑文化本身，其致力于推动作为人类智慧结晶的文化实体的建筑在科学性与结构性上实现自我超越，这是以建筑为对象的管理目标。

鉴于二者的并存,中国高校建筑文化管理的改进与探索必然需要在这两者之间保持连贯与平衡。基于这一前提,本书提出的高校建筑文化管理理念紧密围绕构建与规范高校建筑文化这一核心,将科学管理的理念融入高校建筑文化的规划与发展中,旨在实现建筑与高校在文化管理层面上的和谐统一与理论创新。简言之,这是一种以高校建筑为对象的文化管理模式,是对建筑文化进行的高校管理。

基于上述论述,本书将中国高校建筑文化管理的探索划分为四个主要部分:一是高校建筑文化管理组织的设计,二是高校建筑文化管理理念的改进,三是高校建筑文化管理策略的探寻,四是高校建筑文化管理路径的选择。针对每一部分的不同侧重点,本书将提出相应的理论探讨与实施策略。

第一节　我国高校建筑文化管理组织的设计

文化管理的首要举措是确立管理主体的组织原则、构建相应的机构,并设计高效的运行机制,以确保对文化实体进行全方位的设计、建造、管理与维护,然后通过建筑实体及其空间形态对被管理对象施加文化影响,最终实现文化管理的目标。在这一过程中,我们可以借鉴国际知名大学的成功经验,如英国的剑桥大学、美国的哈佛大学以及日本的东京大学等,它们在校管理委员会、董事会、评议院等核心机构下均设有专门的校园建筑咨询委员会、管理机构、议事机构、维护机构以及商业经营管理机构。我们在进行建筑文化管理组织设计时,已充分考虑并参考了这些先进做法,以确保我们的设计适应自身的发展需求。

一、建立科学的管理组织机构

对于武汉大学、北京大学、清华大学、厦门大学、河南大学等历史悠久的高等学府而言,关键在于妥善维护和修缮当前的建筑格局、历史文化遗产及园林园艺等。具体而言,我们可采取以下措施:第一,在校管理委员会和咨议机构之下设立专门的建筑文化管理委员会,负责规划总体管理宗旨与政策,确保建筑文化管理活动与学校的办学精神和教育目标相契合,并通过精细的管理设计促进管理对象的积极发展。第二，建立相应的行政部门，具体落实建筑文化管理的方针与政策。第三，成立教育部门，专注于大学历史文化实体的实际应用规划，如校史校训的宣传、课程教学内容的融入、学生活动的空间分配等。第四，设立监督部门及专职人员，对整个管理活动的科学性、效率与效果进行全面监督与反馈。第五，创建研究部门，深入研究建筑文化管理的方法论、历史价值、深远意义及未来改进方向。第六，成立保护部门，专门负责建筑物内外、园林园艺及校园设施的维护与保养。建筑文化管理的组织机构框架如图7－1所示。在责任制方面，实行严格的层级负责制，即下层管理人员直接对上级管理者负责，总负责人则直接向委员会汇报工作。通过这样的组织架构与责任体系，我们能够构建起一个既富有人文关怀又兼具科学理性的建筑文化管理体系。

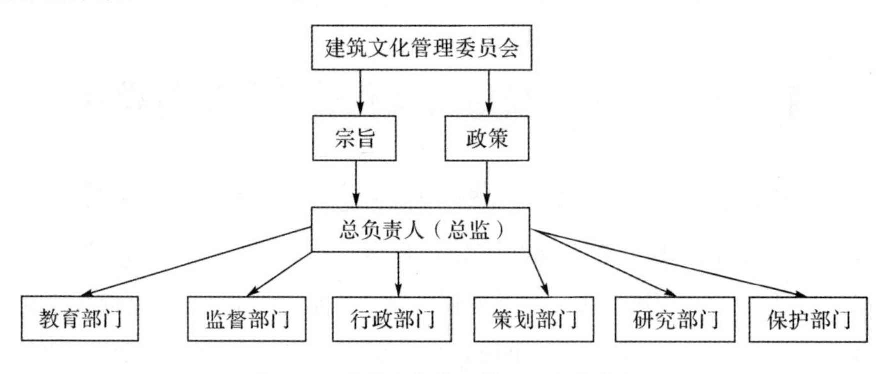

图7－1　建筑文化管理的组织机构框架

二、采取灵活的组织人事政策

在各个部门的设置与人员配置上，我们可采取更为灵活的人事政策。部门负责人应经过严格甄选，其他办事人员则由部门负责人提名，并经管理委员会和总负责人审批后，方可开展日常工作。具体而言，教育部门可设部门主管一名，下辖多名办事人员。该部门负责教职工的校建筑文化管理教育，旨在培养教职工的爱校情感，使他们成为高校建筑文化核心理念的传递者、传播者与教育者。同时，教育部门还负责大学生入学前的校史教育与建筑文化史教育，以及校史课程和校建筑文化课程的常态教学，涵盖校建筑史、建筑文化、建筑设计、建筑基本知识等多个方面。策划部门同样设有一名主管，配备两到三名助理。该部门负责组织、协调和管理与大学建筑文化相关的各类活动，包括大型庆典、中型展览与小型讲座等，并积极招募大学生志愿者参与其中。活动形式应丰富多样，包括建筑参观（如“建筑文化之旅”）、校园建筑维护学习、植被识别、艺术鉴赏、户外写生及文艺演出等。行政部门则设有主管一名，监督人员、会计师与行政助理各一名。行政部门负责监管财务状况，会计师负责记录各部门的财务支出情况，行政助理则负责处理资金捐赠、经营部门（如图书馆茶餐厅、咖啡馆等）的营业收入等事务。保护部门与研究部门采取联合管理模式，设立联合主管一名，常驻建筑规划、设计与修缮研究人员两名，并聘请多名外聘研究人员。该部门专注于新建筑的设计与规划、校园空间的优化布局、古建筑的维护与修缮工作，以及古建筑应急保护方案的制定与实施。监督部门设主管一名，督察员两到三名。该部门负责全面监督建筑文化管理工作的实施效果，定期形成书面报告提交给总负责人，再由管理委员会进行综合评估，以确保管理工作的灵活性、公平性与有效性。

三、确立有效的组织实施步骤

建筑文化管理的整体实施流程可细化为八个关键步骤：第一，全体建筑文化管理委员会成员应就整体管理宗旨、方法及政策进行深入探讨，旨在制定出一套更为高效的建筑设计、建设、利用、维护、研究及监督工作的计划与具体操作方案；第二，面向全社会广泛征募并选拔相关人才；第三，根据校园空间与建筑在不同历史时期的特征进行分类；第四，确认校园内各建筑、植被及园艺的文化价值；第五，探索并制定出校园建筑文化资源的有效利用与长期维护的管理策略与具体办法；第六，深入分析如何科学、合理地管理校园建筑文化；第七，计划实施；第八，对前期工作的执行情况进行全面监督与评估，以检验其有效性，并基于评估结果，对管理宗旨、方法、政策、计划及具体操作模式进行反复研究与完善，随后进入下一个建筑文化管理周期，重复上述八个步骤。这种周期性的完善机制有利于不断推动建筑文化管理的合理性与科学性发展。

高校建筑文化管理的实施可分为两大核心步骤，具体如下。

第一，成立建筑文化管理委员会。该委员会作为非营利性管理机构，首要任务是明确其宗旨，确保所有执行策略、活动规划、财务预算、公众形象及组织使命均符合非营利组织的基本原则。委员会成员应广泛吸纳学校领导层、外部专家及资深管理人员，其主要职责包括：①确立并调整本周期内建筑文化管理的核心宗旨与执行政策，确保管理章程的严格遵守与合法执行；②规划短期（本年度）、中期（未来两年）及长期（五至十年）的管理策略、方向、目标及具体实施细则；③制定财务管理政策，涵盖收支结构、财务结算与监控机制；④公开承诺并有效执行财务募捐、筹备及运营计划，同时向全校师生及社会各界公示，以便于监督；⑤负责甄选、聘任总负责人（总监）及各部门主管，并对其领导团队进行定期评估；⑥加强建筑文化的宣传与教育工作。此外，为确保政策连贯性与组织活力，建筑文化管理委员会的任期可设定为三年，并允许连任一届。

第二，甄选与整合管理人才。建筑文化管理委员会的重要职责除了制定和设计相关政策和制度外，就是选拔并组建高效的管理团队，包括选聘总负责人（总监）及各部门主管，再由他们进一步遴选部门成员，构建完整的组织架构，确保各部门事务的有序开展与高效运行。总负责人的选拔非常重要，应特别注重其丰富的文化管理经验（至少五年以上）、卓越的行政管理能力、对建筑文化的深刻理解以及应对复杂公共事务的能力。鉴于高校建筑文化管理涉及公共资源的优化配置与多元关系的协调，总负责人应具备创新的思维、广阔的视野、出色的公关技巧及危机处理能力。

高校建筑文化管理是一项复杂而系统的工程，它融合了空间与时间管理的精髓，涉及各部门间的紧密协作，需要在科学的制度设计、深厚的人文关怀、先进的管理理念及优秀管理团队的共同作用下实现高效管理。而这一切的基石是高校领导层对建筑文化管理理念的革新、策略的调整及新管理路径的积极探索。

第二节　我国高校建筑文化管理理念的改进

从主观层面来看，在当今社会，我们不仅要继承传统建筑文化的精髓，更要在此基础上积极弘扬优秀的建筑文化，这就要求我们对传统建筑文化持有深厚的内在认同感。通过文化基因的转换与创新，我们需要搭建起一座桥梁，以实现传统建筑语言与现代建筑语言之间的融会贯通，而这座桥梁的构建基石正是建筑文化基因的传承。从客观层面来看，高校建筑从立项、设计、施工到验收，每一个环节都是一个复杂而综合的系统工程。同样的，高校建筑文化管理也是一项系统而全面的工作。从现实操作层面来看，有效的建筑文化管理离不开行政、科研、财务等多方面力量的协同作用。它既依赖于技术层面的精心设计与周密筹划，也需要适时、充足的财力支持作为后盾，更离不开行政部门之间的紧密协作与高效配合。因此，高校建筑文化管理的理念应当根植于人文精神、技术筹划与行政执行三者的深度融合之中。

一、传统与现代的和谐与融通

众所周知，自20世纪90年代中期以来，为了拉动内需、刺激消费、促进经济增长、缓解就业压力，高校扩招计划应运而生，包括大专院校在内的众多高等教育机构纷纷启动了建筑工程项目，以缓解日益增长的教学压力。不可否认，高校为满足教育教学的需求，确实对硬件配套设施有着同步增长的迫切要求。这一时期，各地涌现的大学城普遍呈现出大投资、大规模的特点。然而，由于长远规划的缺失和鲜明理念的不足，各高校乃至大学城内部的不同校区之间逐渐暴露出一些问题，如建筑理念趋于同质化，新旧校区的建筑之间风格差异显著，功能设置趋于单一，以及传统与现代元素之间的割裂等。这些问题的根源多在于未能妥善处理好传统与现代之间的过渡与融合关系。

正所谓，建筑必须展现生活、传承传统、体现民族精神和时代感①。传统与现代的融合不应仅局限于建筑外在形式的模仿，而应深入挖掘样式背后所蕴含的文化底蕴，深刻理解并把握本校传统建筑文化的内涵，以实现传统与现代的和谐与融合。因此，建筑文化传统的内涵远不止空间构图和建造技术，还应涵盖与高校历史传统及当前发展紧密相连的社会人文资源，这些资源广泛涉及文学艺术、风俗习惯、伦理道德、审美情趣等多个方面。此外，建筑与人文资源之间存在着密切的相互依存关系：第一，高校及社会环境的人文资源滋养了建筑文化传统的形成；第二，建筑文化又诠释了高校及其所在社会的人文精神内涵；第三，建筑文化在传统与现代之间的转化是一个辩证的动态过程。中国传统建筑以其独特的结构布局、细节处理而著称，同时蕴含着天人合一、祈福纳吉、气势恢宏等文化意象。相应的，现代建筑在特色上应与之相呼应，从物质文化性、

---

①朱其.当代艺术理论前沿[M].南京：江苏美术出版社，2009.

精神文化性和审美文化性三个维度继承和发展建筑文化传统。在物质文化性上，中国传统建筑以木构架体系为主，辅以符号、雕饰、色彩等元素展现其独特魅力；在精神文化性上，中国传统建筑则体现了以和谐为特征的天人合一的自然观，追求观赏空间与人文情趣的和谐统一；在审美文化性上，中国传统建筑则表现为对雅致、内敛、宁静之美的追求。总之，“建筑环境自然化，自然环境人文化，是中国传统建筑创造的永恒主题。”①材料、设计理念、空间结构的逐层推进是建筑文化演变的规律。随着这些要素的不断发展，传统的建筑文化因素在外在表现形式上也展现出不同以往的特色。

根据以上分析，在以追求传统与现代和谐融通为目标的高校建筑文化规划中，我们应重点关注以下几个方面的要求。

第一，以校史校风为根基，实现传统建筑风格与现代设计理念的深度融合。建筑的设计理念和空间布局应立足校史校风，在材料选用与构件符号上应尊重并融入高校既有的人文环境，营造出“和而不同、殊而不异”的立体视觉效果。在把握建筑形态时，既要尊重当地伦理风俗信仰民情，又要留有足够的创新空间。以武汉大学为例，其建筑文化既展现了求是的学术精神，又融入了拓新的办学理念，尤以弘毅学堂为代表，其在设计理念上成功地将传统文化的自强弘毅精神与反映时代精神的求实拓新理念跨越时空地结合在一起。

第二，升华传统建筑的文化精髓，实现古今相承、中西合璧。在现代建筑的文化构思中，我们应深入挖掘并提炼传统建筑文化的核心要素，将其精髓融入现代设计理念之中。在技术与材料的选择上，既要尊重高校的传统文化底蕴，又要展现古今交融、中西合璧的新特色。例如，武汉大学在校园建设中就巧妙地将西方园林设计理念与中国传统建筑美学法则相结合，形成了独特的校园风貌，在建设之初就将与珞珈山的地形地貌相适合的散点、放射状的园林式大布局确定为设计初衷，巧妙地将西方园林设计理念与中国传统建筑美学法则相结合，着力塑造“轴线对称、主从有序、中央殿堂、四隅崇楼”的校园中心区，实现了西方建筑精微与中国传统建筑大气之间的完美融合。

第三，通过独特的设计手法，实现建筑与文化意象的和谐统一。意象作为美学概念，源自《周易》，是指客观物象经过创作主体独特的情感活动而创造出

---

①洪哲雄. 传统文化与现代建筑创新[J]. 山西建筑，2008(4)：57－58.

来的一种艺术形象①。在从传统向现代的融通过程中，我们应注重将传统文化意象与现代建筑手法相结合，使现代建筑的材料、技术、构思等元素与中国传统建筑相协调，从而延续传统建筑的文化风格，并赋予现代建筑以独特的学院气派。

总之，建筑文化传统与现代的融通应该以传统为基石，以建造科技为媒介，以时代精神为指导，在继承中创新，达到古为今用的目的、今从古出的效果。现代建筑虽无法完全复制传统的物质形态，但可重建其精神气质。这种传承与创新的精神气质正是传统与现代建筑文化的结合点。我们应以时代精神为坐标，重新审视传统建筑文化宝库，使现代建筑在传承中创新，从而孕育出既具时代精神又蕴含传统文化的优秀建筑作品。

二、多元一体与风格创新的追求

在探讨建筑文化管理理念的改进时，我们厘清了传统与现代间和谐与融通的思维框架。就具体的建筑风格而言，如何妥善处理新旧校区之间以及单一校区内新旧建筑间的风格差异是本书亟待解决的问题。作为兼具隐性审美价值与直观社会效应的文化载体，高校建筑文化不仅映射着一所高校的人文精神与文化底蕴，更是通过点、线、面融合绘制的一幅高校文化画卷。多元一体的风格传承与布局设计的创新并蓄，对于提升整个校园的精神气质至关重要。建筑通过其独特的文化语言与人建立情感联系，这种直观的文化体验构成了建筑文化的人文供给。因此，在处理建筑文化多元一体与风格创新的关系时，我们应确保建筑既能激发人们的精神愉悦与审美情趣，又能在社会经济效益方面达到最大价值。

为确立建筑文化风格、塑造学院气派，我们应在明确文化根脉的基础上构建多元一体的格局并鼓励风格创新，其关键在于深入挖掘并确立文化根脉，并以此为基础构建统一的建筑风貌。风格创新应植根于现代建筑技术与高校文化的深度融合，既要继承既有建筑文化的精髓，又要将其巧妙地融入校园的整体氛围中，同时体现地方风俗习惯和审美偏好。高校建筑文化的塑造应从项目立项之初便着手，可依据学校现有的建筑遗产、地形条件及未来发展规划绘制

---

①毛白滔. 中国传统建筑文化意象[J]. 创意与设计，2011(4)：8－11.

工程蓝图。这要求我们在设计过程中注重建筑外部样式的多元一体和风格创新与既有建筑的协调性，与设计理念的统一性。

第一，外部样式的多元一体。正如梁思成先生所倡导："我们虔诚地希望今日的建筑师不要徒然对古建筑作形式上的模仿，他们不应该做一座座唐代、宋代或清代的建筑，而要发挥中国新建筑的精神。"实现建筑模式的多元一体与建筑文化的一脉相承需要立足于现有建筑的总体风格，同时在局部空间设计中灵活运用现代材料进行内部创新。以高校图书馆为例，20 世纪 80 年代后期建造的图书馆多采用高大威严的设计，以彰显学校的庄重与权威，外部样式上与校门相呼应，共同塑造了中国高校强调的公立权威形象。然而，通过采用新建筑材料，并融入声、光、数字教学等现代化设施，图书馆内部实现了风格上的创新。馆内布局则借鉴了田园城市的设计理念，通过人工廊道与植被带自然休闲区的巧妙结合，有效缓解了内部空间的刻板沉闷，营造出既休闲又高效的学习环境，从而实现了外部样式的多元一体与内部风格的合理创新。

第二，风格创新与既有建筑的协调性。高校建筑文化是校园历史文化的直接体现。大学不仅是知识的殿堂，更是文化实体的体验场所。校园中的历史性建筑作为学校发展历程的见证者，承载着丰富的历史记忆，形成了独特的校园风貌，代表了学校的形象与特色。因此，在新建筑的建设过程中，高校应充分考虑与既有建筑的协调性，既体现当下的时代精神，又尊重并继承学校的传统风格。东南大学新校区的图书馆在风格创新与既有建筑风格的协调方面树立了典范。其图书馆的前身可追溯到 1902 年建立的三江师范学堂藏书楼，至 1923 年东南大学时期独立建馆，并被命名为东南大学孟芳图书馆，该建筑被誉为中国 20 世纪初图书馆建筑的杰出代表之一。在新校区图书馆的设计中，东南大学既坚持"实用、坚固、美观"这一古典建筑理念的精髓，又巧妙融入"天人合一"的哲学思想，实现了理性与感性的高度融合、复杂性与简洁性的完美统一，集中展现了中国古典建筑文化的精华。图书馆外部设计借鉴了六朝时期齐梁风韵，内部则基于空间生态学原理进行布局，成功地将多元一体的六朝古风与现代空间设计相融合，巧妙解决了古今风格协调的难题，反映了东南大学对南京历史文化与校园建筑环境相融合的理解。

第三，设计理念的统一性。这一原则需从整体建筑风格与具体建筑功能两个维度考量。从整体建筑风格出发，建筑设计应围绕建筑的文脉、不同功能需求以及使用者的特定偏好三大目标展开。从具体建筑功能出发，对建筑文化传统的继承可分为两个层次：一是对外在实体的表层性继承，如圆顶、基座、斗拱等传统建筑文化标志性符号的运用；二是对传统价值观念、建筑理念、设计手法等内在文化精髓的深层性继承。前者属于形式上的模仿与再现，后者则是对传统建筑理念的创新发展。体用结合是实现建筑多元一体与风格创新的价值所在。

三、建筑实体与人文精神的统一

建筑实体是人文精神的物化形式，而人文精神是建筑实体的文化内核。建筑实体与人文精神的统一是指通过建筑这一文化载体鲜明地展现所在地域的独特人文气质，并将具有文化底蕴的人文精神通过建筑的形式塑造于文化实体中。以高校建筑为例，人文精神不仅贯穿于选址考量、外部环境融合、内部布局规划及个性化服务等各个环节，更是设计之初便应全面统筹的重要组成部分。

一般而言，传统建筑文化的人文精神可从物质、思想、艺术三个维度进行深入探讨。首先，物质人文精神体现在建筑材料的选择、雕饰的运用及色彩的搭配上，这些外在物质因素如梁柱、基座、屋顶等既满足了实用需求又蕴含了审美价值。随着建筑技术的进步与新材料的应用，传统色彩与雕饰在传承中不断创新，被赋予了新的建筑意义。其次，中国传统建筑讲求自然和谐，以"天人合一"为核心理念，既展现了礼仪之美又实现了实用与观赏的完美结合。皇宫大殿的轩昂与园林庭院的恬静都是这一理念的生动体现。建筑不仅是物理空间的构建，更是精神空间的营造，与周围环境融为一体，实现了"建筑环境自然化，自然环境人文化"的和谐境界①。最后，艺术人文精神则是"天人合一"哲学思想在艺术审美领域的精彩演绎。中国建筑艺术追求"诗意美"与"意境美"的至高境界，给人以只可意会、不可言传的审美情趣，同时传递着人文熏陶的深刻内涵。

具体而言，建筑文化与人文精神的统一在高校建筑中尤为显著地体现在图书馆建筑上。图书馆作为高校校园的标志性建筑，不仅是知识的宝库，更是人文精神的摇篮。高校图书馆建筑的设计应追求技术与人文的结合：技术层面应遵循建筑科学的自然规律，确保建筑的实用性与坚固性；而人文层面则应从文

---

①洪哲雄.传统文化与现代建筑创新[J].山西建筑，2008(4)：57－58.

化与人性的角度出发，追求建筑的雅致与文化底蕴。实用是建筑的基础，而审美则是提升建筑品质的关键。这一理念在以下三个方面得到了具体体现。

第一，人性化关怀的深入实践。教育部2002年2月印发的《普通高等学校图书馆规程（修订）》第19条规定："高等学校图书馆应保护读者合法、公平地利用图书馆的权利。应为残疾人等特殊读者利用图书馆提供便利。"①随着图书资源共享政策的推广，高校图书馆的服务对象已扩展至社会大众。因此，在图书馆设计中，高校必须充分考虑无障碍设施、辅助阅读设备、残疾人专用卫生设施等软硬件条件的配置，以体现对每一位读者的深切关怀。

第二，人文素质的潜在体现。建筑是文化的载体，而人文素质则通过建筑的每一个细节得以隐性传达。高校图书馆在环境设计上应注重色彩搭配与材质选择，如以白色为主色调营造明亮、整洁的学习氛围，同时在公共阅览区域采用木纹色等淡色系家具以增添温馨与舒适感。此外，通过增设软垫减少桌椅移动时的噪音、在学术报告厅设置吸声墙板等措施，图书馆可进一步提升空间的声学品质。在软件层面，图书馆应优化多媒体数字图书室的管理系统，避免非学术性活动的干扰。同时，馆内用语应规范且富有人文关怀，如使用"请勿""谢谢""建议"等柔和词汇替代生硬的"严禁""罚款""后果自负"等表述，营造更加和谐、友好的阅读环境。总之，人文素质的体现需从细微之处着手，旨在为读者营造一个既庄重又不失轻松、既肃穆又不失温馨的学习空间。

第三，建筑形态与空间布局。建筑对人的直观影响主要通过其外在风格、硬件配置等实体性因素体现，但要深入衡量一栋建筑所蕴含的人文精神，还需进一步考量其选址、声、光、色以及内置楼道等设计的综合作用。简言之，建筑形态与空间布局直接关系到实体建筑如何触动人性情感与心理感受。空间知觉指的是物体大小、形状、远近、方位等空间特性在人脑中的反映②。这种反映通过空间形式对个体内在意识的影响、馆内功能性休闲区设置的合理性，以及在功能性休闲区内融入文化历史资源三个方面来产生。首先，空间形式对个体内在意识的影响。图书馆内部的色彩搭配、光线运用、房间风格转换等因素构

---

①中华人民共和国教育部.教育部关于印发《普通高等学校图书馆规程（修订）》的通知[EB/OL].(2002-02-21)[2024-07-20].http://www.moe.gov.cn/jyb_xxgk/gk_gbgg/moe_0/moe_8/moe_23/tnull_221.html.

②刘先觉.现代建筑理论[M].北京：中国建筑工业出版社，1999.

成了人们内在意识信息的重要来源。内在意识在房间转换、内部质感体验、实用功能与装饰设计统一中间接形成对建筑实体的感知。因此,内部空间的设计应运用心理学原理调控声、光、色、温等元素,契合人的心理感受,以激发人性内在的美好感受,营造馆内安逸的学习氛围,避免学习过程的枯燥乏味。其次,馆内功能性休闲区设置的合理性。功能性休闲区在图书馆内不仅承担多重功能,如通过绿植种植净化空气,提供咖啡茶座等文化休闲空间,还可展示校史校风相关的墨迹、题词等文化历史资源,从而将中国建筑"天人合一"的哲学理念与馆内自然生态系统相融合,形成内外呼应的和谐之美。最后,在功能性休闲区内融入文化历史资源。基于景观生态学的设计理念为馆内景观规划、文化价值体现及人文感受提升等提供了可能的最优路径。在实际设计应用中,合理规模的馆舍布局是实现上述目标的前提条件。

综上所述,通过外在"天人合一"的建筑理念与内在功能性休闲区的巧妙设置,建筑实体与人文精神得以相互支撑、相辅相成,共同构建出既美观又富有文化底蕴的空间环境。

四、理念创新与制度建设的协同

文化是一个多维度的概念,可以从狭义和广义两个层面进行阐释。广义上的文化涵盖了人类改造世界的所有活动及其创造的物质与精神成果。狭义上的文化则特指文学艺术、科学知识,或是人们受教育的程度。马克思指出,文化在人改造自然的劳动过程中产生,它以人为核心,是人的本质或本质力量的对象化表现。就本书而言,高校校园文化特指以高校师生文化活动为主体,以校园精神为底蕴,由师生员工共同营造并共享的一种群体文化,是学生群体中普遍遵循的规范准则、生活方式、行为模式以及价值体系①。一般而言,校园文化可细分为物质文化、精神文化和制度文化三大方面。具体到本书讨论的内容,高校建筑文化属于物质文化的范畴,人文精神则属于精神文化的范畴,而校规校纪、学科设置等则归入制度文化的范畴。这三者之中,物质文化是基础,精神文化起着导向作用,而校规校纪等制度文化则是保障。高校制度文化是一种融合了刚性法规约束与软性内在约束的制度规范性文化。它根植于学科设

①左卫民.法院制度现代化与法院制度改革[J].学习与探索,2002(1):40-47.

置，深受中国传统文化中尊师重道、安伦尽分等道德观念的影响，是高校在长期发展过程中逐渐积淀形成的具有独特校风校貌的高校文化。高校建筑文化制度的建设与改革，对于促进高校建筑事业的健康发展、带动建筑文化产业的繁荣，以及推动高校整体文化建设具有重要意义。这一过程可分为三个方面：理念创新制度与文化交流机制建设、以人为本的制度建设、高校建筑文化制度建设。

第一，理念创新制度与文化交流机制建设。建筑理念的创新源于实践，深深扎根于高校历史文化的沃土之中，它是校史文化根基与新时期建筑理念融合的产物。作为推动建筑实践和校风文化发展的核心动力，理念创新制度的建设成为高校建筑文化制度建设的关键。理念创新涵盖了建筑形式的创新、文化服务的创新以及文化产品方面的创新。就文化产品方面的创新而言，高校应扶持体现高校校风校貌和自主设计品牌的创新理念，鼓励校方建筑团队参与国家和地方的重点建筑工程项目，并从政策层面激励建筑技术、创意、品牌等理念在文化产业中的创新应用。此外，理念创新还涉及产业运行体制的创新、校企合作、市场运作、文化产品产业链等多方面的协同作用。在具体实施中，高校可从以下方面激发理念创新的实践：一是高校应秉承以史为鉴、革故鼎新的精神，传承优秀校史文化，巩固高校自身的建筑特色，精准把握时代精神的脉搏，让多样性和融合性成为建筑文化理念创新的基石。二是以自身理念与外来理念的交流为契机，促进思想碰撞与融合。时代精神文化的重要特征之一就是文化的多样性。从制度设计层面出发，高校应大力促进不同文化之间的交流与学习，积极吸收借鉴其他文化的优秀成果，在交流中不断提升自身的创新理念。三是文化交流机制的建设，其核心价值在于各文化交流主体分属不同文化圈，拥有独特的文化特色。因此，交流主体间互学互鉴、尊重各自的文化独立性是文化交流机制得以有效运行的前提条件。强调这一点的重要性在于防止文化价值观的全盘西化或单向输入，确保文化交流的平等与多元。

第二，以人为本的制度建设。正如马克思所言："有了人，我们就开始有了历史。"①"全部人类历史的第一个前提无疑是有生命的个人的存在。"②在推动

① 马克思，恩格斯. 马克思恩格斯选集：第1卷[M]. 北京：人民出版社，1995：151.

② 同①66.

建筑文化制度建设的过程中，将以人为本作为制度建设的核心理念，这一思想在古今中外的思想史上均有着深厚的渊源和广泛的体现。例如，孟子“天时不如地利，地利不如人和”的三才观，荀子“制天命而用之”的进取精神，以及管子“以人为本，本治则国固，本乱则国危”的治国理念均从不同的角度强调了人的重要性。而在西方，古希腊的普罗泰戈拉提出的“人是万物的尺度”以及文艺复兴时期高扬人性与理性的伦理精神同样体现了对人本中心的理解。人文主义认为，人应以理性为引导，作为具有独立思考能力的主体而存在。人运用自己的理性思考可以对科学自然知识和人文社会知识作出正确的判断，这从根本上肯定了人的重要性。由此可见，对以人为本理念的重视在中西方各个历史时期都不断地被提及，其在一定的历史时期中对社会文明的进步起到推动作用。因此，在当前的建筑文化制度建设中，我们重申以人为本的制度建设的重要性，并非仅仅是对前人智慧的简单重复，而是将这一理念深深植根于建筑设计的每一个环节，使之成为我们思考与实践的出发点和归宿。以人为本的建筑理念要求我们在设计中充分考虑人的身体直观感受与精神潜意识需求，既要满足广大公众的服务性需求又要兼顾个体差异，既要满足面对公众的服务性功能又要结合高等教育的特色。

第三，高校建筑文化制度建设。其应围绕特色化、底蕴化、人文化的目标展开，并通过科学规划、系统论证与精细设计建立一套与本校历史文化底蕴及当地伦理风俗相契合的高校建筑文化审批制度。特色化建筑不仅是学校的标志，更是其形象与精神的直观展现。为了确保高校建筑文化能够充分代表学校形象、传达其独特魅力，高校需要广泛征集并吸纳师生的意见。因此，在制定高校规章制度及建筑设计方案时，高校应组织广大师生与学术领域的专家进行深入研讨，加强实地调研，促进不同群体对建筑理念的认同，因为认同度越广，建筑项目的可行性便越大。

总之，高校建筑文化制度的建设需从理念创新制度与文化交流机制建设、以人为本的制度建设、高校建筑文化制度建设三个方面着手，将校史校风等内在精神影响与规范守则等外在制度约束相结合。建立适合本校特色的建筑文化制度还需从行政管理、科研支持、财务保障等多个细微层面进行深化改革。这既需要技术层面的精心设计与周密筹划，也离不开财务审批流程的有效支撑，更需行政部门间的紧密协作以简化流程、提高效率。因此，高校建筑文化制度的建设必须全面考量人文精神、技术筹划与行政执行三方面的因素，确保各项措施协调推进，共同促进高校建筑文化的繁荣发展。

第三节　我国高校建筑文化管理策略的探寻

建筑管理实践策略是高校文化管理中一个综合性很强的科学体系。主管部门既要加强对高校的管理，又要积极促进学术科研与行政管理的协调发展。高校可通过构建与建筑市场主体的紧密合作关系，确保建筑形式能更有效地服务于高校文化建设。从具体操作上来看，策略与路径各有侧重点：策略侧重于宏观规划与布局，针对当前及未来挑战提出战略性方案；而路径则是这些策略的具体实施步骤。因此，在深入探讨实施路径之前，明确高校建筑文化管理的策略方向就至关重要。本节将从高校建筑文化管理策略的定位及其实践中的和谐诉求等方面进行分析。

文化管理体系作为高校建筑文化管理的基础，其重要性不言而喻。然而，当前高校建筑管理体系的缺陷日益明显，主要体现在人文精神的缺失上。这种缺失在规划初期就已显现，表现为建筑设计中商业气息较浓及缺乏个性的工业化风格泛滥。当前，高校建筑多采用大规模设计与小成本控制并重的策略，前者易导致资源浪费与面子工程的出现，后者则因成本考量而倾向于选择技术水平一般的设计与施工团队，从而牺牲了高端设计的可能性。在这种建设理念下，校企界限模糊，工业化楼群遍地开花，这严重削弱了高校建筑本应承载的人文精神。因此，高校建筑文化在校园建设中必须明确自身作为人文精神载体的社会责任，弘扬人文精神，构建和谐的高校建筑文化。

一、高校建筑文化管理策略的价值旨归：人文精神的载体

高校建筑文化在校园环境中扮演着人文精神载体与阵地的双重角色，它不仅承载并传递着高校的人文精神，更是人文精神孕育的摇篮。人文精神的实体化表现便是高校建筑。当建筑所蕴含的理念超越物质层面并升华为人文情怀时，建筑便不再仅仅是砖石的堆砌与力学结构的展现，而是成为学校历史、现状与未来的代表。在某些区域，这些独具特色的高校建筑文化甚至升华为城市的标志性符号，凝聚并展现着整个城市的文化精髓，如武汉大学建筑文化之于武

汉市的文化意义便是如此。因此，在信息化、网络化的时代中，高校建筑文化更是起到坚守文化经典传承的阵地作用。

作为人文精神的承载者与弘扬者，建筑文化应始终以人为本，致力于营造一个宁静、和谐、健康的育人环境。这样的环境不仅是实施人文素质教育的实体基石，更是保障学生全面发展的必要条件。高校建筑是校史、校风及历史文化的直观展现，同时也是以人为本教育理念的有力诠释，为人文素质教育提供了精神必备条件。一所大学之所以被称为高校，除了其追求真理、实事求是的学术精神外，还在于它承载着求善、求和、求美的崇高追求。对于建筑文化而言，这种追求不仅体现在建筑外观的新颖与美观上，更体现在其实用性与内在功能的完美结合中。这种内外兼修、传承创新的精神特质本身就是一种艺术表达，是科学精神与人文精神的深度融合。因此，在高校建筑文化的建设过程中，我们必须明确物质文化与精神文化的关系。无论是从硬件设施的完善，还是从高校整体发展规划的视角出发，物质建设都是实现人本关怀的重要途径与保障，而弘扬精神文化则是高校发展的终极目标。

高校是孕育社会栋梁之材的摇篮，也是培育情操的广阔舞台。校园的布局规划、建筑文化的设计构思等均应有利于促进师生对人文精神的不懈追求。合理的空间布局、兼具文化底蕴与实用功能的建筑以及深刻的校训等能够共同营造出一种浓郁的人文氛围，使师生在潜移默化中提升精神境界。因此，高校建筑文化在校园建设中的核心作用在于其是人文精神传承与展现的载体。这一特性也赋予了大学更为深远的使命，它不仅是传授专业知识的授课场所，更是引导学生探索人生价值、思考社会意义，并在实践中不断追寻人文精神的场所。人文精神是高校的灵魂所在。一所学科特色鲜明，人文氛围浓郁的大学必然是经过岁月洗礼，由自身独特的历史文化与价值观念逐步塑造而成的。这种历经时间打磨的文化正是大学精神风貌与价值追求的集中体现。

如何应对当前高校建筑文化管理面临的挑战？在众多应对策略中，成立相应的高校建筑文化管理机构进行专项管理无疑是一个可行性较高的选择。在管理机构的运作中，高校需要清晰界定管理方法、人员配置及管理理念这三个关键环节。首先，管理方法是核心。针对高校建筑文化的多样性和复杂性，高校应依据建筑的年代、工艺水平及文化价值等因素将具有特殊意义的校级建筑纳入文物保护范畴，并予以高度重视和妥善保护。同时，管理活动应制度化与规范化，而非依赖于个人意志，并制定明确的规章制度，以规避随意改建的风险，确保管理的有序进行。其次，在人员配置上，应打破传统由高校单一主体构成的格局，构建多元化的管理团队。建筑文化管理委员会可吸纳校方代表、专业技术人才、文化学者、在校师生以及社会相关人员等多方力量，形成多维度、广视角的决策咨询体系，确保文化管理的决策更加科学与全面。最后，管理理念是灵魂。高校建筑文化管理机构应将建筑文化视为高校人文价值传播的重要载体，其管理目标应聚焦建筑文化本身及其所承载的人文价值理念，实现人文价值与建筑文化的深度融合。基于此，管理机构应紧密围绕建设和规范高校建筑文化这一主线，将科学的管理理念融入高校整体发展规划中，推动建筑与高校在文化管理的轨道上良性运转。

无论是在管理方法的优化、管理理念的明确上，还是在人员配置的完善上，高校都需深刻认识到高校建筑文化作为人文精神载体的社会意义。只有在此基础上，我们才能有效弘扬人文精神，构建和谐的高校建筑文化环境。因此，确立高校建筑文化管理策略的价值定位对于指导管理机构理念的构建具有重要意义。

二、高校建筑文化管理策略的检验机制

第一，作为传统文化的具象。建筑文化作为人文文化不可或缺的组成部分，不仅是社会有机传承的一环，更是国家和民族珍贵的文化遗产。通过一代代人的传承与发展，建筑文化构筑了人文精神的历史长河，其实体形态正是传统文化的具象表现。

第二，作为文化认同的象征。建筑文化的特点之一表现为对过去的继承和对未来的开创。对校史的尊重实际上是对未来的一种延续，而对未来的引领则以历史为基础。这种过去与未来的交织深刻揭示了文化这一复杂概念的内在本质。高校校园的文化氛围正是通过建筑的材质、风格、色彩、结构等多元元素呈现在人们面前。对于每位大学生而言，母校的记忆往往首先与那些标志性的建筑相连，如东南大学的大礼堂、武汉大学的老图书馆等。这些建筑不仅是物理空间的存在，更是情感归宿和文化认同的象征，因此为学校增添了独特的名片效应和软实力。

第三，作为历史事件的见证。以素有“江左文枢”美誉的东南大学为例，该校在近代经历了多次院系调整与校际合并，其建筑文化从多个维度反映了自五四运动以来中国高等教育建筑形式在传统与现代、中国与西方之间交融互鉴的历程。特别是多栋由著名建筑师杨廷宝先生主持设计的建筑，不仅具有极高的人文价值，还成为建筑学与相关专业课程的生动教材。因此，弘扬东南大学的建筑文化实际上就是在传承其历史传统，见证其发展历程。在这个过程中，建筑扮演了文化教科书的角色。

第四，作为人文精神传承与创新的载体。建筑文化深刻体现了意识与意志的和谐统一。作为个体对外部世界的感知，意识彰显了个性与差异；而意志则是历经时间洗礼且深植于文化基因之中不因社会思潮变迁而轻易动摇的传承力量。建筑文化正是在个体对传统文化意志力感知基础上的自我创新。这一特性决定了人文精神既要体现过去又要有所创新。具体到建筑文化而言，天人合一的意境始终是其核心内涵之一，这一理念引领着空间环境的营造，既追求精神的升华又兼顾实用的需求。建筑不应仅是静态的传承载体，更应成为激发后人灵感与创造力的源泉。在设计实践中，高校应勇于突破常规，从传统建筑文化中汲取精髓，在继承的基础上进行提炼与升华，同时在尊重传统神韵的基础上赋予建筑形态以新的创意与活力。这正是人文精神赋予人的深刻启示。人文精神既传承又创新，即在传承传统的基础上顺应时代精神和技术革新的步伐而有所创新。作为这一精神追求的具象体现，高校建筑在弘扬人文精神、构建校园文化方面发挥着不可替代的作用。

总之，传统与现代、传承与创新之间的关系绝非简单的叠加，而是需要实现有机而活跃的融合。这种融合既包含对传统文化理念内核的深刻提炼，也涵盖了对形式、材料、色彩、功能等多方面的创新探索。在新建建筑中，我们应将传统文化理念视为现代建筑不可或缺的精神纽带，并通过适度的把握与巧妙的融合使建筑既有传统风格又富有时代表现，从而实现对创新性人文精神的诠释。

三、高校建筑文化管理策略的和谐诉求

建筑作为连接人与人、人与城市、人与自然的重要桥梁，以及城市不可或缺的组成部分，其文化定位自然应与所在城市及环境相协调。优秀的建筑应致力

于促进人与人的和谐、人与城市的和谐以及人与自然的和谐①。建筑作为和谐文化不可或缺的一环，是建筑文化对和谐理念的具体化呈现。高校建筑文化对和谐理念的实践主要体现在三个方面：建筑物与其人本功能的和谐、建筑物与其环境条件的和谐、建筑物与其历史传承的和谐。

第一，建筑物与其人本功能的和谐。正如孔子所言："君子和而不同"。和是在不同基础上的和，体现整体性；不同则是在和的前提下表现的个体性。人如此，建筑亦如此。就建筑内部功能设计而言，条理清晰、层次分明且富含人性化的设计方案可以有效避免人群拥挤、高频使用导致的非人性化设计问题，确保使用上体现出设计的人性化考量。例如，在热水机分配方面，应分散设置取水点，以防聚集拥堵；在图书馆储物柜的设计中，可采用电脑排序管理，以避免长期占用。例如，南京公共图书馆秉持以人为本的设计理念，在内部设计中广泛融入无障碍设计，为特殊人群设置了无障碍通道、轮椅通道、阅览专座及专用卫生间等设施，这些设计均彰显了以人为本、需求为先的原则。在具体设计中，设计者不仅要注重实用功能，还需兼顾美观性与使用效率。就校园建筑外部风格的统一性而言，设计者应坚持一脉相承的设计理念，同时在整体风格延续与材料运用、色彩搭配、结构处理等方面与时俱进，实现和而不同的和谐状态。单个建筑的个体性应基于校园整体建筑风格的统一性。

第二，建筑物与其环境条件的和谐。建筑与环境的和谐共生要求建筑在设计之初便全面考量选材、施工、功能布局及景观设计等方面因素，以确保与周围环境的和谐统一。在选材方面，在日均光照时间长的地区，设计者应避免使用大量玻璃反射面板作为建筑外墙材料，以免对周边环境和校园整体风貌造成不利影响。尽管这类材料对单体建筑可能有一定优势，但从整体环境和谐的角度出发，其弊端往往更为显著。另外，音乐厅的室内墙体应选用隔音吸音材料，以有效控制声音的传播，维护室内的宁静。在施工方面，建筑与环境有着更紧密的联系。施工过程中产生的噪音、粉尘污染以及路况差乱都是影响校园环境和谐的重要因素。因此，高校施工方应严格遵守施工时间规定，避免在师生正常作息时段内进行高噪音作业。在景观设计方面，设计者应追求一脉相承、和谐互补的效果。这不仅体现在景观与周边建筑群体的协调关系上，还要求各景观

①张锦秋. 和谐建筑之探索[J]. 建筑学报，2006(9)：9－11.

元素在功能上能够相互补充，共同营造出和谐美好的校园环境。然而，需要注意的是，并非所有功能区域都能自然形成互补关系，如宿舍区、娱乐场馆与圣贤雕塑在功能上的直接互补性可能就并不明显。此外，建筑物还应与所处的地域文化相和谐，这要求在设计建筑时要充分考虑当地的宗教信仰、风俗习惯等文化因素。例如，民族区域自治地区的高校建筑在外在风格与食堂结构的设计中就应与所处地区的地域文化相符合。

第三，建筑物与其历史传承的和谐。文化一方面体现为“人化”的过程，另一方面则能“化人”，即通过文化的熏陶与影响不断促进人与人之间以及人与外部环境之间互动关系的正向发展，进而提升个体的精神境界①。传统与现代的和谐共生有助于增强建筑的文化表现力，强化建筑文化对个体精神提升的积极作用。传统建筑深植于情知礼的人本文化内涵之中，这一特质在建筑中体现为自然与人的和谐共生、情理的适度把握，以及建筑与艺术的高度统一。因此，传统建筑擅长在布局规划与空间营造上追求自然和谐，实现哲学意境与建筑艺术性的完美融合。无论是宫殿的庄严、民居的温馨、园林的雅致还是庙宇的神圣，其终极目的都是彰显人的主体地位。总之，传统建筑文化是集实用性、哲学意境与艺术审美于一体的和谐精神的体现。相较于传统建筑，现代建筑则展现出清晰的设计结构与多样化的功能分区，其往往通过不同的内部装饰来区分建筑的不同用途。现代建筑通过园林小品与主体建筑的巧妙融合，使色彩、墙雕、材料、陈设等工艺美术元素达到有机统一，最直接地体现了以人为本的实用设计理念。传统与现代的和谐意味着将传统建筑文化中的哲学意境和古典审美情趣与现代建筑的结构布局和实用功能相结合。鉴于两者均秉持以人为本的价值理念，传统与现代的融合在高校建筑文化中就具有深入挖掘的可行性。

总之，高校建筑文化管理策略的核心目标在于实现建筑的合理构建，关键在于科学管理，而核心理念则是彰显建筑的文化价值。这一过程是长期且持续发展的，也是管理追求的终极目标。高校建筑文化管理应坚持以人为本、以史

①蒋洪池．文化化人：构建和谐高校文化的真谛[C]//中国高等教育学会，辽宁省人民政府．建设和谐文化与中国高等教育：2007年高等教育国际论坛论文汇编．武汉：中国地质大学出版社，2007：98－105．

为基、以科技为手段的原则，为“独立之思想，自由之精神”的大学文化营造一种浓郁的人本文化氛围。

第四节　我国高校建筑文化管理路径的选择

高校建筑文化管理不仅是学校行政管理的关键环节，也是衡量一所学校文化管理水平的重要指标。同时，它还深刻反映了一所学校对自身历史文化的尊崇程度及对建筑文化的敏感度。在探讨具体的应对策略与建设路径时，高校建筑文化管理的实现应在科学管理的基础上针对现存问题提出具有针对性的解决方案。基于这一思路，高校建筑文化管理的路径构建应围绕以下几个方面展开：一是借助校园主体规划展示大学建筑文化的一脉相承；二是通过园林绿化烘托自然生态的高校建筑风格；三是依靠园艺小品设计渗透建筑文化的内涵；四是利用人文景观建设彰显大学人文精神。

一、借助校园主体规划展示大学建筑文化的一脉相承

多元一体的建筑风格强调单个建筑物的样式应与校园建筑的主体风貌相协调。同时，具有独特性的建筑个体也应融入整个校园的建筑底蕴中，以使每一座建筑在整体中既独而不孤又和而有异。而整体规划与建筑文化的一脉相承则应从校区布局与校史文化两个维度展开。

在校区布局方面，受我国传统建筑习惯及 20 世纪 50 年代苏联建筑思潮的影响，中华人民共和国成立初期新建的高等院校多采用中轴线对称和高主楼搭配的布局模式①。中山大学广州校区便是这一布局的典范，其以一条主干道贯穿南北，教学办公楼沿主干道两侧分布，而教师住宅和学生宿舍则错落有致地分布在与主干道平行的分干道上。这种布局方式使得校区结构清晰，中轴线对称与高主楼设计的特色鲜明。

相较于轴线对称的布局，自由布局则呈现出另一种风貌。在此模式下，主楼、公共教学楼及学生宿舍等建筑往往依据地形地势的特点进行点状分布。正如学者所言，高校园区总体规划已从过去的轴线对称和高主楼布局逐渐演变为

---

①教锦章.高校校园规划创作谈[J].建筑学报，1991(3)：18－22.

现今的低层高密度教学区自由布局①。我们认为,高校的整体规划不应拘泥于轴线对称的布局形式,而应根据实地情况将功能相近的建筑规划成组,充分利用地形条件,营造出体现本校特点的既实用又美观的布局效果。

在校史文化方面,东南大学四牌楼校区的民国时期建筑群堪称典范。该校区坐落于南京市区,东依钟山,西邻钟鼓楼,北望玄武湖,珍珠河纵贯其间,山湖相映,万木竞翠,环境优美,这里不仅是六朝宫苑的遗址,也曾是明朝国子监所在地。校区内保留的民国时期的中央大学旧址,作为近现代重要的历史遗迹和代表性文物,已被国务院列为第六批全国重点文物保护单位。整个校区现有建筑 20 余座,其中始建于 20 世纪 30 年代的大礼堂不仅是校区的中轴点,还以其独特的中西合璧设计风格引领着周围建筑,共同构成了校园独特的建筑风貌。

该校四牌楼校区的老图书馆作为校区的文化地标之一,初建时被命名为孟芳图书馆,并由张謇题写匾额。图书馆两翼及书库于 1993 年扩建,其建筑造型采用西方古典风格,比例协调,构图稳重,风格典雅。入口处的爱奥尼柱廊及墙面装饰细部极为精致,是国内近代建筑的杰出代表。

作为整个校区的中心,大礼堂的样式格外引人注目。该建筑由英国公和洋行设计,于 20 世纪 30 年代动工,由时任中央大学建筑系教授卢毓骏主持续建,并于 1931 年竣工。大礼堂造型庄严雄伟,充满西方古典韵味,其正立面采用爱奥尼柱与三角顶山花构图,顶部覆盖着欧洲文艺复兴风格的铜质大穹隆顶。为了延续建筑文化的传承,该校于 1965 年在大礼堂两侧增建了两翼,新增面积 2544 平方米。在 2002 年百年校庆之际,学校又在大礼堂前增设了百年校庆纪念碑和涌泉池,这一设计不仅保留了建筑原有的中西合璧特色,还巧妙融入了象征中国文化灵动的元素,使得大礼堂在威严庄重之中又不失灵动与活力。这一建筑群的设计无疑为整个校区奠定了深厚的文化底蕴和独特的建筑风格。

中大院位于老图书馆的左侧,原名生物馆,于 1929 年落成,总面积为 2321 平方米,其建筑风格承袭了西方古典建筑的精髓,门前挺立的四根爱奥尼柱与顶部的山花交相辉映,并与老图书馆东西呼应,相得益彰。1957 年,学校对中大院进行了扩建,新增两翼面积达 1728 平方米。由于学校历史上曾隶属于中央

---

①计旭东,刘学荣.高校园区特色建设[J].城市发展研究,1999(5):39-41.

大学，这座建筑便被更名为中大院，现为建筑学院所在地。

以大礼堂为中心点，其前方分别是老图书馆和中大院。这三座建筑均源自中央大学时期，它们共同秉持了中西合璧的设计理念，巧妙融合了古典与现代、庄重与典雅的元素，从而形成了独特的建筑风貌。这些建筑不仅奠定了中央大学时期独特的建筑风格，更从校史的角度为继任者东南大学赋予了深厚的文化底蕴。

二、通过园林绿化烘托自然生态的高校建筑风格

随着高校师生人数的增加以及校办企业生产引发的烟尘、噪音等污染问题的日益严重，原本宁静和谐的校园环境正遭受不同程度的侵扰。因此，维护校园环境，推进园林式校园建设已成为当前亟待高校重视的议题。尤为重要的是，通过园林绿化来强化自然生态的高校建筑风格，能够有效烘托校园既有的建筑文化与人文气质。和谐的生态不仅是高校办学的理想环境基础，还是自然生态建筑风格的核心表达。无论是从实际需求出发，还是基于理念构想，利用园林绿化来彰显自然生态的高校建筑风格都是既可行又必要的。

高校自然生态的建筑风格注重园林绿化与建筑之间的和谐共生，它涉及对校内所有人工与自然材料的精心挑选与科学运用，从而通过合理规划、巧妙布局形成浑然一体的建筑风格。其中，园林绿化的烘托作用尤为显著。具体而言，这种建筑风格在空间结构上采用大小不一、分散布局的板块模式，形成大集中、小分散的特色布局。在布局时，高校需要紧密围绕自然生态理念，构建生态链条，将自然生态元素融入建筑文化之中以实现多元融合。

首先，就园林绿化而言，其构成要素丰富多样，包括水体、植物花草、人工景观及廊道等。水体作为联系各景观的纽带，赋予景观以灵性与生命力。以东南大学九龙湖校区为例，该校区巧妙地利用九龙湖支脉开凿引流，将自然水体引入校园，与人工水脉交织成网，不仅为绿化提供了充足的水源，还保障了水体的清澈与活力。护校河环绕校园，既是一道天然的水体屏障，也是校园与外界的分界。在此基础上，校区在图书馆前增设半公共绿地，吸引飞禽和小型哺乳动物在此筑窝，保证了整体效果上首先映入眼帘的是图书馆和绿地这样的景观格局。此外，校区内非主干道两侧的林木以及各教学区精心布置的绿地与花草，形成了点状分布的绿地网络，让师生在日常工作、学习及生活中都能自然感受

到园林绿化带来的自然生态之美。

其次，高校园林绿化是实现自然生态建筑风格不可或缺的途径。它用营造绿地的方法培植校园生态环境，通过大面积绿地与小面积园艺相结合的方法形成生态绿地的良性循环。园林绿化的形式多样，如风景林、植物丛、花卉盆艺等。一般而言，风景林侧重水土保护功能，植物丛具有防污净化的功效，花卉盆艺则具有赏心悦目、增加情趣、适于游憩的功用。针对高校的具体水土条件与园区布局，设计者应深入研究并选择绿化方式，以实现生态环境与审美文化的和谐共生。需要说明的是，生态绿地并非单纯追求绿色植物的广泛种植，而是在此基础上融入文化元素，促进园林绿化、自然生态与建筑文化的深度互动。

再次，现代景观设计融合了科学、艺术与社会三大要素，这三者密不可分、相辅相成①。在校园新景观的建设中，绿地、园林、廊道和水体等要素构成校园景观的主体，它们之间的搭配、密度、间距等规划直接影响着校园自然生态空间结构的合理性。强化绿地建设、保护水体、实现园林绿化与水体循环的有机结合，并分区域规划教学、生活与休闲景观，可以促使校园自然生态布局更加科学，最终实现校园的全面园林化，使得园林与建筑相互融合、相得益彰。

然后，在具体布局上，园林绿化应紧密围绕高校建筑和主要道路展开，确保林木和园艺与校区中轴线形成对称美。支脉道路与主干道的绿化设计应一字排开，统一方向，形成“众星捧月”的视觉效果。同时，学校需根据校园实际情况因地制宜，充分利用自然条件，展示校园环境的独特魅力。

最后，科学的实施过程是园林绿化建设成功的关键。从前期的布局设计到后期的养护管理，每一个环节都至关重要。树种的选择需结合高校特点。在布局时，设计者既要考虑小规模植物的色彩对比，也要注重大规模植物的层次排列，以营造出生动立体的生态美景。在制定方案时，设计者需兼顾经济性与美观性，选用与校园主体建筑风格相协调的建筑材料与工艺，同时在色彩、图案、寓意等方面应体现全体师生的文化认同。在后期养护时，设计者还要注重绿地的季节性变化，让绿地随着季节更迭展现出不同的风貌，为建筑实体文化增添生态活力。

---

①朱立新，李光晨. 园艺通论[M]. 北京：中国农业大学出版社，2009.

总之，合理利用高校自然条件，通过园林绿化烘托建筑文化，是提升高校建筑生态价值与人文效应的有效途径。一流的高校建筑文化必然伴随着一流的园林绿化水平。因此，高校应通过园林绿化烘托自然生态的高校建筑风格，提升高校建筑文化的生态价值，以发挥园林绿化的人文效应。

三、依靠园艺小品设计渗透建筑文化的内涵

大学校园文化建设是一个有机联系的整体性工程。当致力于通过园艺小品设计来渗透建筑文化的内涵时，我们应当秉持系统性的思维方式，全面把握建筑所承载的整体文化概念，避免将建筑空间简单割裂为孤立的区域。在建筑实体与内外园艺小品的关系中，园艺小品作为附属元素，与建筑实体相辅相成，共同构成建筑文化的完整内涵。

高校建筑文化的园艺小品设计涵盖建筑外景的园艺小品设计和建筑内景的园艺小品设计，它们是校园环境与建筑文化不可或缺的组成部分。园艺小品的设计形态可分为抽象的文化理念表达和具象的建筑实体设计，其既具备观赏价值又兼顾实用功能，是建筑文化中集美观与实用于一体的亮点。精心设计的园艺小品能够显著提升环境美感，并烘托建筑文化的内涵。基于此，根据园艺小品在建筑中的具体作用，园艺小品的设计过程可细分为设计的依据、表达形式或营造手法等方面。

一方面，就设计的依据而言，设计者需要考虑以下三个方面内容：一是与环境相协调的原则。园艺小品的设计需充分考虑其尺度和大小与周围环境的和谐共生，这些因素直接影响人们对美的感知。设计者应确保园艺小品与所依附的实体建筑在比例上相互协调，这里的尺寸不仅仅是指园艺小品本身的尺寸，更在于它与建筑整体以及楼道、绿地等空间元素的相互映衬，以共同营造出和谐的视觉效果。同时，要依据建筑特点确定园艺小品的材料选择、设计理念和最终呈现的视觉美感。二是明确园艺小品的立意与功能定位。园艺小品不仅要满足师生休息游憩的实际需求，还应通过材料的选择和造型的设计展现其独特的个性，以与建筑文化一脉相承。在立意构思上，设计者应追求功能与文化的完美结合，针对不同建筑风格设计相应的园艺小品，以展现校园建筑的多样性。例如，校园中的亭、廊、园艺景观、小型雕塑及花池等均属于园艺小品设计的范畴，它们不仅与建筑文化相一致，还丰富了校园文化氛围，为师生提供了休

憩与交流的空间。三是园艺小品的生态性考量。这一考量应从宏观与微观两个层面进行。在宏观方面,设计者应结合高校所在地的自然环境特点,充分利用当地的水土资源,以绿色植物为主要造景元素,追求生态与功能的双重效益,营造四季变换、生态宜人的校园环境。在微观方面,设计者则应针对每栋建筑的不同特色,选用与之相匹配的艺术形式,如浮雕、木桥、廊道及花园等,使园艺小品与建筑相得益彰,从而形成独特的景观聚合。在此过程中,设计者应避免园艺小品设计的雷同与单调,注重创新与灵活性,打破传统单调、简单的设计模式,为校园增添更多生机。

另一方面,就表达形式或营造手法而言,设计者可以考虑以下三个方面内容:一是景墙小品。作为园艺小品的重要组成部分,景墙小品不仅美化了校园环境,也是展现高校建筑文化特色的重要载体。它通过人物、花鸟等具象图案以及符号、图像等抽象创意设计将思想性与艺术性巧妙融合,成为校园内一道独特的文化风景线。正如学者所言,精美的雕塑与画廊等文化小品有效营造了积极向上的文化氛围,对师生具有怡情励志的积极作用,推动了和谐校园文化的建设①。二是置石。无论是独立成景还是作为附属元素,置石都不仅具备直观的观赏价值,还蕴含着抽象雕塑所能传达的深刻精神内涵。置石、题刻或雕画大都展现了石器材料的坚韧与刚毅,寓意着大学校园所追求的严谨与坚韧不拔的精神风貌,从而营造出一种意境深远的景观效果。三是园艺植物。在中国传统园林中,植物常常被赋予丰富的象征意义,蕴含着人们的思想、性格与情感,这一优良传统也体现在现代校园园艺设计中②。例如,竹在中国文化中象征着气节、幽静、群而不俗,松则四季常青、立而不移。精心设计园艺植物的布局与配置,不仅能够美化校园环境,还能培养师生的审美情趣与艺术修养,同时树立具有鲜明特色的校园文化标志,如东南大学四牌楼校区的六朝松便是这样一个典型的例证(见图 7-2)。它不仅见证了东南大学悠久的历史,更为这所古老学府增添了一份古朴苍劲之气,从而完美诠释了园艺与大学文化相得益彰的和谐之美。

---

①李小龙.大学校园人文景观初探[J].湖南师范大学教育科学学报,2007(5):102-104.

②唐学山,李雄,曹礼昆.园林设计[M].北京:中国林业出版社,1997.

图 7-2　东南大学六朝松

总之，园艺小品的设计是对小尺度环境与艺术作品在人类居住空间中的精致展现，它凝聚了建筑文化的精髓，成为一种独特的表达方式。自然生态中的一草一木以及人工创意中的置石、座椅等均可作为园艺小品的创作素材，关键在于要在这些原始材料中巧妙融入人文内涵，确保园艺小品与校园整体文化风格的和谐统一。在大学校园内，休闲绿地中常见的石桌、坐凳、木椅、人工湖、雕塑及装饰灯具等园林小品不仅丰富了校园景观，更为满足大学生课外休闲活动的多样化需求，进一步营造出既有静态之美又不失活力的多样空间，真正实现了美观与实用的完美结合①。

四、利用人文景观建设彰显大学人文精神

所谓人文景观，是基于人文精神理念通过景观营造而实体化的建筑表现形式。这类景观融合了审美与功能，形式上可细分为自然人文景观、工艺人文景观及文物人文景观等。在高校环境中，人文景观以多样化的形态展现，包括但

①王荣山，高占山. 论高等学校校园景观规划设计的主要特色[J]. 沈阳农业大学学报(社会科学版)，2005(4)：456-457.

不限于湖泊、山体、石景、雕塑、门牌、廊道、列柱及前卫美术作品等。总体而言，人文景观侧重于静态实体的展示，而动态景观则更多地体现了人文精神的气质。作为高校建筑文化的重要组成部分，高校人文景观承载着大学精神与校园特色的艺术表达，其高雅设计对传播建筑文化的神韵具有画龙点睛之效。

在国内众多高校中，利用人文景观建筑彰显人文精神已有所体现，如北京大学未名湖畔的波光塔影、清华大学的荷塘月色、武汉大学的樱花大道等。人文景观的建设不仅促进了建筑文化精神的传递，还在提供美学享受的同时兼顾了实用功能的营造。然而，当前部分高校在人文景观建设中仍存在规划失调，布局散乱等问题，未能充分展现景观应有的人文张力，反而在一定程度上影响了整体布局的美观性。在实际应用中，高校人文景观的建设需要从地域文化、校史文化、学科特色三个方面入手来营建适应高校自身特色的人文景观。在地域文化方面，风土人情与气候环境深刻影响着人们的生活方式及审美情趣。地理环境影响着人们对自然的态度以及某些生产关系和社会关系，从而影响人们的社会观念和思维方式等。因此，高校人文景观的营造应紧密结合当地的风俗民情，体现地域文化的独特魅力。在校史文化方面，高校发展的每个阶段都在校园建设中留下了深刻烙印。作为历史的见证，人文景观应与校史校风相融合，展现校园文化的传承与发展。在学科特色方面，文科院校与理工科院校、具有百年校史的院校与新建院校在建筑风格方面会存在较明显的差异，这也同样影响作为建筑文化一部分的人文景观的建立，尤其是学科对于院校建筑风格与人文景观的影响尤其明显。正如学者所言，学科作为历史的产物，是知识体系演化发展进程中由于人类认识能力的局限而人为分化形成的一种社会建制①。

针对地域文化、校史文化、学科文化三个方面，东南大学在校园建筑及人文景观的建设上堪称典范。东南大学的历史可追溯至 1902 年创立的三江师范学堂，历经第四中山大学、南京工学院等阶段，最终于 1988 年定名为东南大学。坐落于六朝古都南京，东南大学既承袭了中央大学的深厚文脉，又以工科教育为鲜明特色。地域文化、校史文化与学科文化的深刻影响在校园建筑及人文景观中得到了充分体现。在校园建筑布局上，老校区展现出新古典主义的独特韵味，融合了中西古今的建筑风格，彰显了校史文化的丰富内涵；而新校区则以六

①郑红午. 大学学科建设进程中的学科文化研究[D]. 太原：山西大学，2007.

朝风格为标志，巧妙地将古都文化与现代教育设施相结合，展现了校史文化的另一番风貌。尤为引人注目的是，南门的设计凸显了工科特色，成为学科文化的重要象征。在人文景观的营造上，东南大学充分利用九龙湖畔的优越地理位置，巧妙地将校园建筑沿水系轴向布局，同时精心布置湖岸植被，营造出自然生态与教学科研和谐共生的美景。不仅如此，湖岸园林景观的设计使得校园的干道从单纯的交通功能与湖岸景色功能重叠，为道路两侧增添人文景观提供了足够的空间，形成了“校园有湖湾，湖湾有绿洲，后有桥，襟有湖，前有溪石淌过”的独特人文景观。

正如学者所言，在高校图书馆这样一个充满文化气息的场所，雕塑是表达文化、增强景观艺术气息的重要因素，能够对师生起到激励、鼓舞、启示的作用，并为环境绿化起到点睛之笔①。在东南大学九龙湖校区图书馆的人文景观设计中，一尊孔子雕塑被置于入口处的横向主轴线上，这既体现了对古代圣贤的尊崇，又与图书馆浓厚的学术氛围相得益彰(见图 7－3)。

图 7－3　东南大学图书馆前孔子雕塑

①吴雄熊．大学校园环境景观设计研究[D]．武汉：华中农业大学，2009．

通过以上分析,高校建筑文化的管理路径应当涵盖以下几个方面:一是借助校园主体规划展现大学建筑文化的一脉相承;二是通过园林绿化烘托自然生态的高校建筑风格;三是依靠园艺小品设计渗透建筑文化的内涵;四是利用人文景观建设彰显大学人文精神。在具体的设计实践中,设计者还应融入景观生态学的先进理念,对高校空间进行科学合理的优化与重构,从而构建出园林绿化、园艺小品与人文景观相互融合的建筑文化空间格局。

参考文献

[1] 爱克曼.歌德谈话录[M].朱光潜,译.北京:人民文学出版社,2000.

[2] 詹克斯.后现代建筑语言[M].李大夏,译.北京:中国建筑工业出版社,1986.

[3] 亚伯.建筑与个性:对文化和技术变化的回应[M].张磊,司玲,侯正华,等译.北京:中国建筑工业出版社,2002.

[4] 科特.拼贴城市[M].童明,译.北京:中国建筑工业出版社,2003.

[5] 隈研吾.负建筑[M].计丽萍,译.济南:山东人民出版社,2007.

[6] 李墨.汉字与中国古代建筑线性类比研究[D].上海:同济大学,2009.

[7] 弗兰姆普敦.建构文化研究:论 19 世纪和 20 世纪建筑中的建造诗学[M].王骏阳,译.北京:中国建筑工业出版社,2007.

[8] 赵中建,邵兴江.学校建筑研究的理论问题与实践挑战[J].全球教育展望,2008(3):60 - 68.

[9] STRANGE C,BANNING J. Education by design:creating campus learning environment that work[M]. San Francisco:Jossey - Bass,2001.

[10] WOODS P. Sociology and the school:an interactionist viewpoint[M]. London:Routledge & Kegan Paul Books,2012.

[11] TURNER P V. Campus:an American planning tradition[M]. Cambridge:MIT Press,1984.

[12] 山德-图奇.哈佛大学人文建筑之旅[M].陈家祯,译.上海:上海交通大学出版社,2009.

[13] 莱因哈特.普林斯顿大学人文建筑之旅[M].李小蕾,冯昭祥,译.上海:上海交通大学出版社,2009.

[14] 米勒.西点军校人文建筑之旅[M].杨倩倩,译.上海:上海交通大学出版

社,2009.

[15] 约卡斯,纽曼,特纳. 斯坦福大学人文建筑之旅[M]. 侯艳,马捷,译. 上海:上海交通大学出版社,2009.

[16] 海尔凡. 加州大学伯克利分校人文建筑之旅[M]. 杨倩倩,劳佳,李小蕾,译. 上海:上海交通大学出版社,2010.

[17] 木下直之,岸田省吾,大场秀章. 东京大学人文建筑之旅[M]. 刘德萍,译. 上海:上海交通大学出版社,2014.

[18] 林峰,赵冬梅,曹永康,等. 上海交通大学人文建筑之旅[M]. 上海:上海交通大学出版社,2012.

[19] 章明,张姿. 当代中国建筑的文化价值认同分析(1978—2008)[J]. 时代建筑,2009(3):18-23.

[20] 赵慧宁. 建筑环境与人文意识[D]. 南京:东南大学,2005.

[21] 王芳. 建筑形式中的隐喻[D]. 郑州:郑州大学,2004.

[22] 李小龙. 纪念性建筑的文化内涵与文化取向[D]. 合肥:合肥工业大学,2003.

[23] 陈宜瑜. 建筑文化内涵的表述[D]. 合肥:合肥工业大学,2007.

[24] 李玲. 中国古建筑和谐理念研究[D]. 济南:山东大学,2011.

[25] 谭富微. 中国传统建筑文化中的道家思想[D]. 武汉:华中科技大学,2005.

[26] 李墨. 汉字与中国古代建筑线性类比研究[D]. 上海:同济大学,2009.

[27] 梁航琳. 中国古代建筑的人文精神:建筑文化语言学初探[D]. 天津:天津大学,2004.

[28] 韩旭梅. 中国传统建筑柱础艺术研究[D]. 长沙:湖南大学,2007.

[29] 万艳华. 长江中游传统村镇建筑文化研究[D]. 武汉:武汉理工大学,2010.

[30] 欧阳代明. 荆楚建筑图形文化研究[D]. 武汉:武汉理工大学,2008.

[31] 谢鸿权. 东亚视野之福建宋元建筑研究[D]. 南京:东南大学,2010.

[32] 吕凯. 关中书院建筑文化与空间形态研究[D]. 西安:西安建筑科技大学,2009.

[33] 李咏瑜. 西安地区普通高校整体式公共教学楼(群)空间适应性设计研究[D]. 西安:西安建筑科技大学,2010.

[34] 余健. 大学新校园建筑与景观的融合研究[D]. 杭州：浙江大学，2006.
[35] 张静，魏利军. 大学校园景观设计研究[J]. 安徽农业科学，2011，39(36)：22490－22491.
[36] 刘媛. 21 世纪高等院校建筑室内环境趋势研究[D]. 西安：西安建筑科技大学，2011.
[37] 于兆光. 有机更新机制下的高校建筑再利用设计研究[D]. 济南：山东建筑大学，2009.
[38] 抗莉君. 高等职业教育院校建筑设计研究[D]. 天津：天津大学，2010.
[39] 刘洋. 重庆大学校园空间环境研究[D]. 重庆：重庆大学，2003.
[40] 谢俊鸿，吴盟，金璇，等. 北京市高校建筑色彩规划研究[J]. 科技信息，2012(1)：74－75.
[41] 杨茜. 西部高校建筑节水技术与策略研究[D]. 西安：西安建筑科技大学，2010.
[42] 邵兴江. 学校建筑研究：教育意蕴与文化价值[D]. 上海：华东师范大学，2009.
[43] 王露. 显隐并存 与时俱进：我国高校建筑文化传承初探[D]. 重庆：重庆大学，2003.
[44] 邢浩. 山东高校新校区建筑文化特色初探[D]. 济南：山东建筑大学，2013.
[45] 李存金. 凝固的教育音符：学校建筑空间的教育学考察[D]. 上海：华东师范大学，2011.
[46] 闫昕. 学校物质文化对大学生社会化的影响分析[D]. 曲阜：曲阜师范大学，2006.
[47] 贾文青，安心. 论大学建筑文化的功能[J]. 西北成人教育学报，2012(6)：24－26.
[48] 曹所江. 论高校建筑文化在大学生教育中的功能[J]. 江苏高教，2002(5)：124－126.
[49] 陈捷. 论大学建筑文化对大学生的教育功能[J]. 高等建筑教育，2005，14(3)：22－24.
[50] 商亚楠. 书院文化与中国高校校园建设[D]. 西安：西安建筑科技大学，2010.

[51] 夏莺. 人文精神影响下的当代大学校园建筑设计研究[D]. 南京:南京工业大学,2006.

[52] 阮宇翔,吴浩洋. 面向二十一世纪的高校建筑文化教育[J]. 高等建筑教育,2001(4):18-19.

[53] 石鸥. 中西学校建筑文化比较研究[J]. 云梦学刊,1997(1):40-44.

[54] 李广生. 中美大学图书馆建筑比较研究[J]. 津图学刊,1999(4):21-34.

[55] 陈璐. 论中西文化的交融和碰撞:南京高校建筑比较谈[J]. 华中建筑,2009,27(12):162-163.

[56] 刘淑丽,昌雄. 新时期做好高校文化管理的途径与措施[J]. 长沙航空职业技术学院学报,2008(3):15-17.

[57] 向大众. 新建高校文化管理研究[J]. 辽宁商务职业学院学报(社会科学版),2004(1):41-42.

[58] 汤汉林. 高等学校无形资产经营研究[D]. 福州:福建师范大学,2008.

[59] 熊格生. 高校管理与高校文化之间的双向建构关系[J]. 湖南农业大学学报(社会科学版),2002,3(4):77-79.

[60] 王丽雪. 学校实施文化管理策略的研究[D]. 长春:东北师范大学. 2009.

[61] 任宏娥. 高校文化管理的关键因素分析[J]. 中国成人教育,2010(20):20-22.

[62] 樊娟. 文化之维:高校管理的新视角[J]. 江苏高教,2010(6):100-101.

[63] 潘成云. 基于心理契约理论的高校文化管理若干问题研究[J]. 生产力研究,2007(21):68-69.

[64] 陈伟. 趋同发展背景下民办高校文化管理的思考[J]. 前沿,2013(6):135-136.

[65] 程爱军,王华. 合并高校文化管理模式初探[J]. 长江大学学报(社会科学版),2013,36(12):91-92.

[66] 周石其,刘婷. 文化管理与高校思想政治教育[J]. 黑龙江高教研究,2009(12):100-102.

[67] 陆民. 论高校教师自主发展与高校文化管理[J]. 科教文汇(上旬刊),2012(25):191-193.

[68] 张鹏,曲德峰. 浅析文化管理在地方高校行政管理中的应用:以大连大学为例[J]. 文化学刊,2012(2):77-80.

[69] 张家军.论学校文化及其建设[J].贵州师范大学学报(社会科学版),2007(1):110-116.

[70] 孟静.学校文化建设:现代学校发展的新趋向[D].济南:山东师范大学,2006.

[71] 徐书业.学校文化建设研究:基于生态的视角[D].上海:华东师范大学,2007.

[72] 高永勇.新课程背景下校长的学校文化建设策略研究[D].上海:上海师范大学,2009.

[73] 杨全印.学校文化建设:组织文化的视角[D].上海:华东师范大学,2005.

[74] 李晓艳.我国高校和谐校园文化建设研究[D].郑州:河南大学,2009.

[75] 李先国.高校隐性文化建设探析[D].长沙:湖南师范大学,2004.

[76] 谢小刚.高校校训育人功能和校训文化建设的研究:兼论中国高校校训现状[D].南昌:江西师范大学,2006.

[77] 金炳华.哲学大辞典:分类修订本[M].上海:上海辞书出版社,2007.

[78] 梁漱溟.中国文化要义[M].上海:上海人民出版社,2011.

[79] 雷恩.管理思想的演变[M].孔令济,译.北京:中国社会科学出版社,2000.

[80] 沈福煦.建筑美学[M].北京:中国建筑工业出版社,2007.

[81] 梁思成.中国建筑史[M].天津:百花文艺出版社,1998.

[82] 刘吉发,金栋昌,陈怀平.文化管理学导论[M].北京:中国人民大学出版社,2013.

[83] 张复合.北京近代建筑史[M].北京:清华大学出版社,2004.

[84] 张国有,冯支越.大学章程:第2卷[M].北京:北京大学出版社,2011.

[85] 储朝晖.中国大学精神的历史与省思[M].太原:山西教育出版社,2010.

[86] CODY J W. Building in China: Henry K. Murphy's "adaptive architecture" 1914—1935[M]. HongKong: The Chinese University Press, 2001.

[87] 司徒雷登.在华五十年:司徒雷登回忆录[M].程宗家,译.北京:北京出版社,1982.

[88] 胡适.胡适全集:第31卷[M].合肥:安徽教育出版社,2003.

[89] 王受之.建筑集[M].北京:中国青年出版社,2010.

[90] 李洪涛.精神的雕像:西南联大纪实[M].昆明:云南人民出版社,2001.
[91] 西南联合大学北京校友会.国立西南联合大学校史[M].北京:北京大学出版社,2005.
[92] 龙泉明,徐正榜.走近武大[M].成都:四川人民出版社,2000.
[93] 吴尔奕,孙驭.美国50所最佳大学[M].北京:首都师范大学出版社,2011.
[94] 徐正榜.武汉大学西迁乐山大事记[C]//骆郁廷,胡勇华,罗永宽.乐山的回响:武汉大学西迁乐山七十周年纪念文集.武汉:武汉大学出版社,2008.
[95] 张白影.荀昌荣,沈继武.中国图书馆事业十年[M].长沙:湖南大学出版社,1989.
[96] 鲍家声.图书馆建筑[M].北京:书目文献出版社,1986.
[97] 袁振国.中国当代教育思潮[M].上海:三联书店上海分店,1991.
[98] 潘懋元.中国高等教育百年[M].广州:广东高等教育出版社,2003.
[99] 王文友,沈国尧,莫炯琦.高等学校图书馆建筑设计图集[M].南京:东南大学出版社,1996.
[100] 上海市教科院发展研究中心.中国高校扩招三年大盘点[J].教育发展研究,2002,22(9):5-17.
[102] 周济.历史性的跨越:世纪之交中国高等教育的改革与发展[J].教育科学参考,2002,22(15):4.
[103] 舒尔兹.场所精神:迈向建筑现象学[M].施植明,译.武汉:华中科技大学出版社,2010.
[104] LEFEBVRE H. Everyday life in the modern world[M]. Piscataway: Transaction Publishers,1984.
[105] 舒尔兹.存在·空间·建筑[M].尹培桐,译.北京:中国建筑工业出版社,1990.
[106] WARRY J G. Greek aesthetic theory[M]. London:Methuen & Co. Ltd, 1962.
[107] 柏拉图.柏拉图文艺对话集[M].朱光潜,译.人民文学出版社,1963.
[108] 李秋零.康德著作全集第5卷:实践理性批判、判断力批判[M].北京:中

国人民大学出版社，2007.
[109] 杜夫海纳. 美学与哲学[M]. 孙非，译. 北京：中国社会科学出版社，1985.
[110] 刘小枫. 诗化哲学[M]. 济南：山东文艺出版社，1986.
[111] 王森勋. 高职学生人文素质教育[M]. 济南：泰山出版社，2008.
[112] 梅洛-庞蒂. 知觉现象学[M]. 姜志辉，译. 北京：商务印书馆，2001.
[113] 仇春霖. 大学美育[M]. 北京：高等教育出版社，1997.
[114] 辛铁樑. 首都发展与人才能力建设[M]. 北京：中国社会出版社，2004.
[115] 黑格尔. 美学：第 2 卷[M]. 朱光潜，译. 北京：商务印书馆，1979.
[119] YIN R K. Case study research: design and methods[M]. Thousand Oaks: Sage Publications, 1994.
[117] 党委宣传部. 让优秀传统文化浸润珞珈："礼敬中华优秀传统文化"活动掠影[EB/OL]. (2015 - 04 - 23)[2024 - 03 - 20]. http://news.whu.edu.cn/info/1002/43254.htm.
[118] 吴贻谷. 武汉大学校史：1893—1993[M]. 武汉：武汉大学出版社，1993.
[119] 朱钧珍. 中国近代园林史：上[M]. 北京：中国建筑工业出版社，2012.
[120] 武汉大学报. 中国文物学会高校历史建筑专业委员会成立[EB/OL]. (2014 - 06 - 29)[2024 - 05 - 04]. https://news.whu.edu.cn/info/1002/41319.htm?from=timeline&isappinstalled=0.
[121] 胡适. 胡适的留学日记手稿本[M]. 上海：上海人民出版社，1939.
[122] 罗森. 清华大学校园建筑规划沿革：1911—1981[J]. 新建筑，1984(4)：4 - 16.
[123] 刘亦师. 清华大学校园的早期规划思想来源研究[C]//城市时代，协同规划：2013 中国城市规划年会论文集(08-城市规划历史与理论). 北京：清华大学建筑学院，2013.
[124] 郑宏. 厦门大学建筑文化简论[J]. 文化学刊，2008(2)：132 - 136.
[125] 西安外事学院党政办公室. 学校概况[EB/OL]. (2024 - 03 - 20)[2024 - 05 - 04]. https://xxgk.xaiu.edu.cn/info/1027/1199.htm.
[126] 梁思成. 梁思成全集：第六卷[M]. 北京：中国建筑工业出版社，2001.
[127] 海德格尔. 海德格尔存在哲学[M]. 孙周兴，译. 北京：九州出版社，2004.
[128] 王艳平，邱正阳，刘菊梅，等. 高校新校区校园文化现状及建设对策研究

[J].重庆科技学院学报(社会科学版),2009(6):168-169.

[129] 王邦虎.校园文化论[M].北京:人民教育出版社,2000.

[130] 弗拉森罗德,施辉业.超越"中国当代"展:如何使中国建筑师与荷兰建筑师互相借鉴[J].时代建筑,2006(5):134-138.

[131] 王建国,张彤.安藤忠雄[M].北京:中国建筑工业出版社,1999.

[132] 弗兰姆普敦.现代建筑:一部批判的历史[M].张钦楠,译.北京:生活·读书·新知三联书店,2003.

[133] 石中英.知识转型与教育改革[M].北京:教育科学出版社,2001.

[134] 海德格尔.存在与时间:修订译本[M].陈嘉映,王庆节,译.北京:生活·读书·新知三联书店,2012.

[135] 孙世杰.学校管理的新视角:从制度到文化[J].当代教育科学,2007(14):34-37.

[136] 车丽娜,韩登亮.学校制度的规约与教师文化发展[J].中国教育学刊,2007(8):30-33.

[137] 蒋文宁.文化管理:学校管理新理念探析[J].教学与管理,2006(33):13-15.

[138] BROOKE C N I. A history of the University of Cambridge[M]. Cambridge:Cambridge University Press,1993.

[139] LEADER D R. A history of the University of Cambridge[M]. Cambridge:Cambridge University Press, 1988.

[140] TED T, BRIAN S. Oxford, Cambridge, and the changing idea of the university: the challenge to donnish domination, the society for research into higher education[M]. Buckingham:Open University Press,1992.

[141] HEIDEGGER M. "Building, dwelling, thinking" in poetry, language, thought[M]. New York:Harper Row Press,1971.

[142] 泰勒.剑桥大学人文建筑之旅[M].杨莫,译.上海:上海交通大学出版社,2014.

[143] 吉迪恩.空间·时间·建筑:一个新传统的成长[M].王锦堂,孙全文,译.华中科技大学出版社, 2014.

[144] 徐来群,单中惠,顾建民.哈佛大学史[M].上海:上海交通大学出版

社,2012.

[145] FENTRESS C F, CAMPBELL R, LYNDON D, et al. Civic builders [M]. New York:National Academy Press,2002.

[146] 文丘里.建筑的复杂性与矛盾性[M].北京:中国建筑工业出版社,1991.

[147] 汪原.边缘空间:当代建筑与哲学话语[M].北京:中国建筑工业出版社,2010.

[148] 詹和平.空间[M].南京:东南大学出版社,2006.

[149] 朱光潜.西方美学史[M].北京:人民文学出版社,1979.

[150] 王飞凌.走进西点军校[M].北京:中国青年出版社,2004.

[151] 彭小云.西点军校[M].北京:军事谊文出版社,2007.

[152] 朱其.当代艺术理论前沿[M].南京:江苏美术出版社,2009.

[153] 洪哲雄.传统文化与现代建筑创新[J].山西建筑,2008(4):57-58.

[154] 毛白滔.中国传统建筑文化意象[J].创意与设计,2011(4):8-11.

[155] 洪哲雄.传统文化与现代建筑创新[J].山西建筑,2008(4):57-58.

[156] 中华人民共和国教育部.教育部关于印发《普通高等学校图书馆规程(修订)》的通知[EB/OL].(2002-02-21)[2024-07-20]. http://www.moe.gov.cn/jyb_xxgk/gk_gbgg/moe_o/moe_8/moe_23/tnull_221.html.

[157] 刘先觉.现代建筑理论[M].北京:中国建筑工业出版社,1999.

[158] 左卫民.法院制度现代化与法院制度改革[J].学习与探索,2002(1):40-47.

[159] 马克思,恩格斯.马克思恩格斯选集:第1卷[M].北京:人民出版社,1995.

[160] 张锦秋.和谐建筑之探索[J].建筑学报,2006(9):9-11.

[161] 蒋洪池.文化化人:构建和谐高校文化的真谛[C]//中国高等教育学会,辽宁省人民政府.建设和谐文化与中国高等教育:2007年高等教育国际论坛论文汇编.武汉:中国地质大学出版社,2007:98-105.

[162] 教锦章.高校校园规划创作谈[J].建筑学报,1991(3):18-22.

[163] 计旭东,刘学荣.高校园区特色建设[J].城市发展研究,1999(5):39-41.

[164] 朱立新,李光晨.园艺通论[M].北京:中国农业大学出版社,2009.

[165] 李小龙.大学校园人文景观初探[J].湖南师范大学教育科学学报,2007

(5):102－104.

[166] 唐学山,李雄,曹礼昆.园林设计[M].北京:中国林业出版社,1997.

[167] 王荣山,高占山. 论高等学校校园景观规划设计的主要特色[J].沈阳农业大学学报(社会科学版),2005(4):456－457.

[168] 郑红午.大学学科建设进程中的学科文化研究[D].太原:山西大学,2007.

[169] 吴雄熊.大学校园环境景观设计研究[D].武汉:华中农业大学,2009.

附录 I

高校建筑文化管理访谈提纲
(主要访谈对象为高校管理者和学生)

1.请问您如何看待高校建筑的文化价值?

2.请问您觉得当前高校在大规模建设校园的大潮中存在哪些问题和弊端?

3.请问贵校有哪些堪称文化标识的建筑?它们有什么历史传统和文化寓意?

4.请问贵校在学校整体布局、建筑设计技术的具体层面有无考虑到文化、生态、教育的因素?这些因素是如何体现在当前的建筑中的?

5.您认为一所大学的建筑风格可以对外部社会形成一种怎样的影响效果?请问贵校是否对自身的建筑文化进行有意识塑造、经营、管理和保护?

6.请问贵校是否有意识地通过学校建筑文化来对师生形成影响?由哪些组织机构在管理?如果有,这些活动是如何展开的?这些活动是否有成效?这些活动表现在哪些方面?能否举例说明?

7.请问贵校一般如何处理学校的老建筑和历史遗址?如何处理老建筑和新建筑的关系?在校园新建筑的建造中更在乎的是什么因素?

8.您认为在未来的高校管理和规划中,如何透过建筑文化管理形成一种潜移默化的校园影响力量?您如何看待当今流行的文化管理?您对此有什么建设性意见和建议?

附录Ⅱ

高校建筑文化管理意向调查问卷

您好！为了解当前大学建筑文化管理的相关问题，我们设计了这份问卷。我们的调查需要您的共同执笔，真诚地希望您能够提供宝贵的想法和建议。请在所选项上画“√”或将该项内容的字体颜色改为红色。谢谢您的支持与合作！

一、年龄

1. 18 岁以下　2. 19～22 岁　3. 23～30 岁　4. 30 岁以上

二、性别

1. 男　2. 女

三、学历

1. 本科　2. 研究生

四、就读专业所属学科分类

1. 文科　2. 医科　3. 理工科

五、就读院校

1. “双一流”院校　2. 普通高等院校　3. 民办高等院校

六、请问您就读的大学校园空间和建筑是否让您感觉有吸引力和归属感？

1. 完全没有　2. 几乎没有　3. 一般　4. 有　5. 非常具有

七、请问贵校是否有意识地在校园内营造雕塑、纪念碑、文化墙等标志性文化设施？

1. 完全没有　2. 几乎没有　3. 少有　4. 有　5. 非常多

八、请问您是否能够从您所在大学的整体布局、建筑设计中感受到其中的文化韵味？

1. 完全不能　2. 几乎不能　3. 能　4. 比较强烈　5. 非常强烈

九、请问贵校是否注重其自然环境的营造、管理和维护(如水域、植被、景观)？

1.非常不重视　2.不重视　3.一般　4.重视　5.非常重视

十、请问贵校是否在校史馆、博物馆、咖啡馆等文化空间内上课和举办文化活动？

1.完全没有　2.几乎没有　3.偶有　4.比较多　5.很多

十一、请问贵校是否对自身的建筑文化进行周期性塑造、经营、管理和保护？

1.完全没有　2.几乎没有　3.偶有　4.较多　5.非常多

十二、请问贵校是否利用校园建筑和空间设施（如综合楼、礼堂、广场、图书馆、体育馆等）举办各种大学生活动？

1.完全没有　2.很少　3.偶有　4.比较多　5.很多

十三、请问贵校是否开设有本校建筑文化、校史相关课程？

1.完全没有　2.很少　3.偶有　4.有　5.常有

十四、请问贵校的建筑是否能够体现学校独有的特征和地域性特点？

1.完全不能　2.不能　3.一般　4.能　5.非常能

十五、请问您是否热爱您所在学校的校园环境文化和建筑文化氛围？

1.完全不　2.不热爱　3.一般　4.热爱　5.非常热爱

十六、在校园新建筑的建造中，您更在乎的是什么因素？（可多选）

1.风格沿袭　2.功能　3.文化　4.生态　5.其他因素

十七、您认为在未来的高校管理和规划中，如何透过建筑文化形成一种潜移默化的校园影响力量？您如何看待当今流行的文化管理？您对此有什么建设性意见和建议？

后　记

此刻，坐在熟悉的书桌前，我凝视着窗外珞珈山的轮廓，心中涌动着无尽的感慨。这本书的完成于我而言，不仅是学术生涯的一个里程碑，更是人生旅途中的一次深刻体验。

书稿的写作过程是一段充满挑战的旅程。但如亚伯拉罕·林肯所言："我走得很慢，但我从不后退。"每当夜深人静，面对着电脑屏幕上跳动的光标，我偶尔也会有孤独和压力袭来。这些时刻，我不断地问自己："我是否能够准确地传达我的思想？我的研究是否有足够的深度和广度？我的见解是否能为读者带来新的启发？"疑问像潮水一样涌来，推着我不断向前。也正是这些挑战，让我更加坚定地追求学术的真理。

当然，这也是一段充满感激的旅程。在这个过程中，我得到了许多人的帮助和支持。我的恩师李保强教授的教诲和指导如同明灯，照亮了我前行的道路。还有多位好友、同门的帮扶切磋，如刘永福博士、薄存旭博士等，以及西安交通大学出版社编辑祝翠华老师和刘莉萍老师，她们专业的精神和细致的工作使得这本书得以更加完善。我也要感谢我的家人，她们是我最坚强的后盾，无论何时都给予我无条件的爱和支持。

此外，这也是一段自我反思的旅程。在研究和写作的过程中，我不断地审视自己的思想和行为，试图从中找到可以改进的地方。我开始更加深刻地意识到，作为一名学者，我的责任不仅仅是追求个人的学术成就，更是要为社会的进步和人类的发展贡献自己的力量。在这个过程中，我学会了耐心、坚持和感恩。我明白了无论是在学术研究还是在日常生活中，我们都需要这些品质来帮助我们克服困难，实现梦想。

每个人的生命都是一次独特的旅程，充满了无限的可能。我希望这本书能够成为我与读者之间沟通的桥梁，也希望我的经历和感悟能够给正在追求自己梦想的人一些启发和鼓励。愿你们在阅读这本书时，不仅能够获得关于大学建筑文化管理的知识和启发，更能够找到共鸣和力量。

“大学是社会的灯塔，而建筑则是大学精神的具象表现。”让我们以这句话共勉，愿每一位读者都能在大学建筑文化的熏陶下，找到自己的方向，照亮自己的未来，也愿我们的大学校园因我们的共同努力，成为培养未来社会栋梁的理想之地。

陈忠伟

2024 年 5 月

于南湖之滨